传家·知识
CHUANJIA·ZHISHI

# 让青少年受益一生的

# 受益一生的

# 人性学知识

褚泽泰　编著

北京出版集团
北京出版社

图书在版编目（CIP）数据

让青少年受益一生的人性学知识/褚泽泰编著. —
北京：北京出版社，2014.1
（传家·知识）
ISBN 978 - 7 - 200 - 10270 - 3

Ⅰ. ①让… Ⅱ. ①褚… Ⅲ. ①人性论—青年读物②人
性论—少年读物 Ⅳ. ①B82 - 061

中国版本图书馆 CIP 数据核字（2013）第 281005 号

传家·知识

# 让青少年受益一生的人性学知识
RANG QING-SHAONIAN SHOUYI YISHENG DE RENXINGXUE ZHISHI

褚泽泰　编著

\*

北 京 出 版 集 团　出版
北 京 出 版 社
（北京北三环中路 6 号）
邮政编码：100120

网　　址：www . bph . com . cn
北 京 出 版 集 团 总 发 行
新 华 书 店 经 销
三河市同力彩印有限公司印刷

\*

787 毫米×1092 毫米　16 开本　12.5 印张　170 千字
2014 年 1 月第 1 版　2023 年 2 月第 4 次印刷
ISBN 978 - 7 - 200 - 10270 - 3
定价：32.00 元
如有印装质量问题，由本社负责调换
质量监督电话：010 - 58572393
责任编辑电话：010 - 58572775

# 前　言

　　人，是一个复杂的个体；人性，更是一个复杂的迷宫。不信，请看下面这个故事：

　　城市已经入睡了，偶尔有几辆货车从郊区的旧公寓旁开过。突然，公寓里冒出了白烟，随之火光四起，惊起了住在里边的大多数居民，他们有幸及时撤离了。这时公寓中只剩下一位独居的老人，他刚刚摔断了腿，已有三天水米未进，没办法呼救，也没办法走路，因此根本没人注意到他。其实他曾有妻子和女儿，可他却为别的女人轻易抛弃了她们。当年他离开家的时候，妻子抱着他的腿，求他不要走，但他没有一丝留恋地推开了妻子，头也不回地走了，丝毫不管身后刚满一岁女儿的哭声。此时此刻，面对迫近的死神，他深深地忏悔着，他后悔抛妻弃女，后悔年轻时拐骗离家少女，将她们强暴，还残忍地拍下照片继续勒索她们。现在这火焰就像是复仇的女神，老人用仅有的力气喊道："老天啊，救救我吧，我知错了，以后我一定改过向善，补偿我所犯下的罪恶。"可是没有人听到他的呼喊，最后只有一只从别处逃来的野猫陪着他，可不久连猫也逃走了，老人只有孤独地面对死亡。

　　一个刚满20岁的年轻小伙子正高兴地走在回家的路上，他今天终于得到了一份正式的工作，虽然在建筑工地，但待遇很不错。"终于可以让妈妈和妹妹过上好日子了，死去的爸爸一定也会高兴的吧！"青年兴奋地想着。忽然他看见自己住的公寓已经被大火包围了。他心急如焚地找遍观望的人群，也没有找到妈妈和妹妹，于是他奋不顾身地冲进公寓内，可他一无所获，后来他找到了那个老人并拼命把老人带出了火场。老人得救后不住地感谢年轻人。"老先生，里面还有人吗？"小伙子焦急地问，"我找不到我的妈妈和妹妹，我一直在找她们。"老人的心渐渐冷却："什么，你不是特意来救我的？"他开始觉得自己的谢意太不值得。

看着年轻人脸上散发的朝气，老人心中感到了强烈的嫉妒，那是生命将尽的人对青春少年的嫉妒。

"里面还有人吗？"青年再次问道。

老人指着刚逃出的公寓点头道："有人。"

小伙子又冲进了火场，而此时已躲避到附近邻居家的妹妹正问她母亲："哥哥会为我们建一个新家吗？""会的，他一定会为我们建一个更好的家。"母亲自傲地回答。

第二天，人们在公寓里发现了两具烧焦的尸体，一个人怀中紧紧地抱着一只猫……

这就是人性。

当我们高声朗诵"人之初，性本善"的时候，很多人正在为非作歹；当我们宣扬荀子的"人性恶"的时候，却发现又有那么多人在坚守着最美好的人格和品质。

人，正因呈现其多样性与复杂性，才值得我们去研究。正如法国文学家拉罗斯福哥所说的那样："研究人比研究书更必要。"了解人性，是一个人成功的前提。青少年朋友们若想在今后成为一个成功的人，就需要洞悉人性。然而，人性无法触摸，不被看透，即使我们花一辈子的时间去了解，去接触，也未必能完全看透人性，这令许多青少年朋友陷入了迷茫和困境。

《让青少年受益一生的人性学知识》对此作出了解答。本书尝试从人性的视角解读人类的各种行为，对人性进行了深入浅出的探讨和分析，是青少年剖析自我、洞悉人性的一把"金钥匙"。它在独特阐释人性的同时，精选了很多与青少年生活息息相关、经典的人性场景，涉及青少年在日常生活中的方方面面的实际问题，将可读性、趣味性、思想性、哲理性、知识性等融为一体，浅显生动。

种种人性的启示我们都可以在书中找到解读，得到启发：在身陷低迷之时，懂得委曲求全，弹性制胜；与人交往之时，懂得乐善好施，人情制胜；个人应世时，懂得虚怀若谷，境界制胜；自我完善时，懂得以静制动，诚信制胜；顺应世风时，懂得方圆之道，练达制胜……本书充满哲理和智慧，可以让青少年朋友们在轻松愉快的阅读中获得全面的生存智慧，在阅读之后无尽回味，领悟真实的人性。

希望青少年读者朋友们在阅读本书的同时，能对人性有更深入的思考，更加清晰地审视自身或别人复杂而善变的人性，从中得到一些启示和借鉴。当你能深谙人性，勇敢地克服自己的弱点、发挥自己的优点时，你就能得到人生中最大的一笔财富，它能帮助你更好地明辨是非，最大限度地趋利避害，从而使你的人生更加精彩。

# 目　录

# 第一章

## 吃不到葡萄说葡萄酸

# 可怕的"螃蟹心理"

为人处世，最忌"螃蟹心理"。什么是"螃蟹心理"呢？渔民们抓螃蟹，先把筐子的一面打开，开口冲着螃蟹，让它们爬进来，当筐子装满螃蟹后，再将开口关上。筐子有底，但是没有盖子。本来螃蟹可以很容易地从筐子里爬出来跑掉，但是，每一只螃蟹都不愿同类跑在自己前面，当一只螃蟹开始往上爬的时候，另一只螃蟹就把它挤下来，最终它们都成了餐桌上的美味佳肴。

人一旦嫉妒起来，就好像那些螃蟹一样，宁可自己吃亏，也要把别人拉下来，损人不利己。嫉妒的人以消极的人生观为基础，他们信奉你好我就不好的信条，一旦发现别人比我们做得更好、别人比我们拥有更多，心里就愤愤不平。嫉妒有推动力，但它不能给我们正确地导航。它给我们指明一条道路，却是让我们去妨碍和伤害别人、用拖别人后腿的方式来赢得胜利或者至少保持不输是非常愚蠢的做法。

小季成绩优秀，长得也漂亮，可她有个缺点，就是容不得别人比她更优秀、更漂亮。班上要是哪个女生成绩超出他，总会遇到一点小麻烦，刚买来的复习资料不翼而飞，床上爬毛毛虫，莫名其妙被人冷落。班上刚转来一位新同学小仁，容貌出众，各门功课也非常优秀，并且弹得一手好琴。小季很恼火，总想找机会除掉这个眼中钉。

小仁报名参加文艺晚会的钢琴演奏，第一个节目就轮到她，可当她从容地坐上琴凳，却发现琴给人弄坏，发不出声响。众目睽睽下，她窘得差点哭出声来。大家正惋惜，只听座位中发出嘎巴嘎巴的声响，满脸笑容的小季身子突然矮下去好多，可她并未觉察，还得意得很。

后来，校领导收到一份揭发小仁作风问题的匿名信，同学们更惊奇地发现小季已变成最小的侏儒。同学们想，照这样下去，小季迟早有一天会变成细菌，消失不见。小季像空气一样消失在班上。一天，有位同学查字典，翻着翻着，突然发现一个很熟悉的面孔。同学们一起凑过来看，才发现小季缩成"嫉妒"二字，永远被压在字典中。

嫉妒是攀比带来的恶果。两个有差距的人在一起，不服输的一个总喜欢在暗地里较劲儿，总喜欢从自己身上找些超过对方的事安慰自己，偏偏此时找不到，所以就产生了嫉妒。

青少年中也存在这样的攀比，同桌得了高分心里酸溜溜的；朋友的女朋友漂亮，恨不得把她毁容；邻居中奖心里偷偷诅咒明天倒大霉，这些无疑是暗地里攀比才导致的嫉妒。攀比会助长人的嫉妒，就像故事中的小季，本来自己的成绩也很优秀，也是个漂亮的姑娘，一味同别人攀比，导致作出各种不道德的行为，最后，自食其果。

要想使别人不能超越，你就要不断自我超越。别人的优秀并不妨碍自己的前进，相反，它可能给你前所未有的动力。所以，我们应该学会通过适当的比较来鼓励自己，而不是让攀比纵容嫉妒之心愈演愈烈，自毁前程。

## 嫉妒别人，不如自我超越

嫉妒是羡慕的极端表现。一个理解羡慕真正含义的人，只会迎头赶上，而不会因为嫉妒自毁前程。

雨伞和雨衣是一对好朋友，每到雨天，都很忙碌，它们过得充实，也很快乐。可是，自从主人买来自行车后，雨天就只披雨衣，把雨伞晾在一旁。每次出门，雨伞都很羡慕雨衣，看着它在主人身上一飘一飘的，就不见了。不过，它倒也乐观，总用些宽心的话安慰自己：雨天挺冷，在家休息挺好，主人真关心自己。但多嘴的风扇老会问："雨伞，又闲着呢，怕是要发霉了，还没机会出去活动活动啊？"听风扇这么一说，雨伞心里隐隐有些不快，特别是雨衣满载而归时，这种感受尤为强烈，像根针扎在心上。大半个夏天快过去了，雨伞都没工作过几次，它越来越怨恨雨衣，嫉妒占据了它的生活。

一天，雨衣刚工作完，就舒舒服服躺在一边睡觉，雨伞觉得这是个好机会，于是来到雨衣旁，用伞头把雨衣扎了个洞。干完这一切，它满意地回到角落。夜里，听见雨衣在呻吟，雨伞露出从未有过的笑容。

又是一个雨天，主人把雨衣拿出来，发现有个破洞很心疼。于是用剪刀从烂衣服上剪下一块布，缝在雨衣上。因为主人的手巧，补丁变成了一朵美丽的花，雨衣比以前更漂亮，主人又披上它欢快地走了，这下，雨伞气得大哭起来。

晚上，雨衣和雨伞聊天，雨衣真诚地对雨伞说，"雨伞，你看你多好，皮肤越来越白，越看越年轻，而我恐怕快不行了。这些日子，风里来雨里去的，没多少日子咯！"雨伞羞愧地低下头，一五一十把心里的委屈统统道了出来。

雨衣告诉它，"春天来了，你会明白，那是属于你的季节，人们需要你，而不需要我！你可以走在明媚的阳光下，为人们挡去刺人的光线。"雨衣和雨伞又做回先前的好朋友。

嫉妒的人往往不能给自己一个好的定位，容易迷失在别人的成就里。池田大作曾说："樱花有樱花的美，梅花有梅花的香，桃花有桃花的色彩，李花有李花的风味。百花争妍，才会有花园的美丽。"正因为有着不同类型的人，世界才变得丰富多彩，如果每个人都是佼佼者，谁来衬托而凸显优秀呢？

无论是在学习上，还是生活中，每个人都要在强烈的竞争环境中客观对待自己。不要把比自己优秀的同学当成与自己有竞争关系的对手，要当成自己前进的动力。学会赞美别人，把别人的成就看作对社会的贡献，而不是对自己权利的剥夺或地位的威胁，将别人的成功当成一道美丽的风景来欣赏，你在各方面将会达到一个更高的境界。

如果别人漂亮，而你无法改变父母给予的容貌时，你就把它当作一种享受，心情也会愉悦很多，同时，你可以通过自身的努力，不断提升自己的内涵，让自己变得有气质，因为气质更难能可贵。如果同桌的成绩好，你们不必像死对头一样相互嫉妒，你们可以做很好的朋友，平时有问题相互请教，说不定一道数学题会有不同的解法。就像故事中的雨伞，最后在雨衣的教导中终于找到自己，正视自己的价值。雨伞可以在火辣辣的大热天为人带来凉爽，而雨衣就不能，它可以在属于自己的春天绽放自己的美丽。

　　每个人来到世上，上帝早已安排好属于你的位置，只要找准那个位置，找到那片属于自己的天空，都能生根发芽，破土而生。

## 解开嫉妒的心结

　　"喜怒哀乐悲思恐"七情中找不到嫉妒这个词，然而一提嫉妒，不需解释，每个人都能心领神会。特别是在爱情领域，我们喜欢用"吃醋"一词，酸酸的醋味生动形象地说明了嫉妒时的心理感受。

　　客观地说，每个人都有嫉妒心理，只是轻重程度不同。但无论如何，嫉妒是一种不健康的情绪状态，在嫉妒心理的影响下，人的身心健康会受到损害。特别对心理素质较差的人而言，一旦受到嫉妒心理的冲击，内心便充满了失望、懊恼、悲愤、痛苦和抑郁，有的甚至陷入绝望之中，难以自拔。

　　现代医学研究证明，有嫉妒心理的人，往往处于焦虑不安、怨恨烦恼之中。这种消极不愉快的情绪，会使人的神经机能严重失调，从而影响到心血管的机能，进而导致心律不齐、高血压、冠心病、胃及十二指肠溃疡、神经官能症等心身疾病的发生。正如德国谚语所说："嫉妒是为自己准备的屠刀。"既然如此，我们就要化解嫉妒心理，去除这颗毒瘤。

　　从心理学角度来说，一个人的嫉妒心理并不是天生就有的，而是后天形成的。所以，应通过自身的道德修养、自我控制、自我调节来修正。

　　1. 自我认知，客观评价自己和他人。要正确地认识自我，评价别人。"金无足赤，人无完人。"一个人限于主客观条件，不可能万事皆通，样样比别人好，时时走在别人前面。要接纳自己，认识自己的优点与长处，也要正确地评价、理解和欣赏别人。在因为嫉妒心理而给自己的精神带来一些烦恼与不安时，不妨冷静地分析一下嫉妒的不良作用，同时正确地评价一下自己，从而找出一定的差距，做到"自知之明"。只有正确地认识了自己，才能正确地认识别人，嫉妒的锋芒就会在正确的认识中钝化。

2. 学会正确的比较方法。一般说来，嫉妒心理较多地产生于原来水平大致相同、彼此又有许多联系的人之间。特别是看到那些自认为原先不如自己的人都冒了尖，于是嫉妒心油然而生。因此，要想消除嫉妒心理，就必须学会运用正确的比较方法，辩证地看待自己和别人。要善于发现和学习对方的长处，纠正和克服自己的短处，而不是以自己之长比别人之短。这样，嫉妒心也就不那么强烈了。

3. 升华嫉妒，化嫉妒为动力。每个人都要在具有竞争的环境中客观地对待自己。不要去嫉妒别人，要将这种嫉妒升华为一种前进的动力。

4. 站在对方的立场上考虑问题。人人都希望得到他人的精神支持，所以当你对一个人产生嫉妒的时候，不妨大度地站在对方的立场上诚恳地赞扬他。因为信任和友谊会使你感到充实，你也可以感受到"心底无私天地宽"的心理体验。

总之，如同钢铁被铁锈腐蚀一样，人很容易被嫉妒折磨得遍体鳞伤，我们要时刻提防它对我们心灵的腐蚀，远离它，从而获得内心的自由与超脱。

# 第二章

## 不要跟我比懒，我懒得和你比

# 别让"懒人学说"成为你偷懒的借口

马云曾在公开场合这样发表自己的"懒人学说",他认为这个世界是由"懒人"支撑的,很多"碌碌"者反而没有"懒人"取得的成就大。比如比尔·盖茨因为"懒"得读书、"懒"得记忆那些复杂的 DOS 命令,才有了他后来的微软世界;麦当劳老板因为"懒"得学习法国大餐的精美,"懒"得掌握中餐的复杂技巧,于是才将带 M 标志的西式快餐店开遍全球;还有人"懒"得爬楼,于是发明了电梯;"懒"得走路,于是制造了汽车、火车和飞机……类似的案例不胜枚举。不过,千万不要误以为马云是在"教唆"人偷懒,他所指的"懒人"实则是聪明人,这些聪明人拥有充满创意和想象力的头脑,所以他们可以"偷懒",并"懒"出成就。如果你没有这些"懒人"的智商,那么千万别学他们偷懒。

其实,在这个社会上,不论什么人要想做成一件事,都必须抗击来自人性中懒惰的缺点,使外界的逼迫变为内心的自觉。

这是因为大多数的人喜欢舒适,能站着拿到东西绝对不会跳起来,能坐着拿到东西绝对不会站起来,能躺着拿到东西绝对不会坐起来。舒适又是个极坏的东西,它是滋生懒惰的温床,腐朽、堕落等现象大多因舒适而衍生。

懒惰会使人机体素质下降。由于较少活动,身体得不到锻炼,人体的免疫功能下降,患病概率将会增加。另外,由于体力消耗较少,身体会逐渐发胖,患高血压、动脉粥样硬化、冠心病等疾病的机会也会增加。总之,懒惰会危害躯体健康。

从心理健康的角度来说,懒惰使人懒于思考,使大脑思维活动的主动性、灵活性下降,长期如此,还可能导致智能下降。而且,懒惰的人常缺乏精神支柱,不明白人生的真谛,不能实现自我价值,难以获得学业成功的愉快体验。

从社会适应的角度来说，懒惰使人不愿付出，只想得到，平日游手好闲，常受到亲朋好友的指责，且得不到周围人的认可，因而产生人际交往障碍。懒惰的人还常因不愿担负社会责任而受到纪律处罚或舆论批评，存在许多社会适应问题。

懒惰带来的不利影响是巨大的。或许谁都会带有或多或少的惰性，如果想战胜你的懒惰，勤劳是唯一的方法。

一个铁匠用同一块铁，打了两把锄头，摆在地摊上卖。农人买走了其中的一把锄头，马上就下地使用起来；另外一把锄头，被一个商人得到，因为无用被闲放在商人的店里。

半年以后，两把锄头偶然碰到一起。原本质地、光泽、锻造方式都相同的两把锄头现在大不相同。农人手里的锄头，好像银子似的锃光闪亮，甚至比刚打好时更光亮；而那把一直被商人放在店里的锄头，变得暗淡无光，上面布满了铁锈。

"我们以前都是一样的，为什么半年之后，你变得如此光亮，而我成了这副样子了呢？"那把生满锈迹的锄头问它的老朋友。"原因很简单啊，这是因为农人一直使用我劳动。"那把光亮的锄头回答说，"你现在生了锈，变得不如以前，是因为你老侧身躺在那儿，什么活儿也不干！"

生锈的锄头听后沉默了，无言以对。

故事中的两把锄头本来条件一样，一把锄头因为到了勤劳的农人手里，每天跟着农人一起劳动，所以变得比刚打好时还光亮有力，而另一把锄头因为一直闲在商人店里无所事事，所以变得黯淡无光，并且布满了铁锈，由此可见，勤奋和懒惰所带来的后果是多么的悬殊。

从这个故事中我们不难明白这样一个道理：刀越磨越锋利，锄头越用越光亮，人越学越聪明。勤奋和懒惰都是一种习惯，只不过勤奋的习惯使人走向光明，懒惰的习惯使人走向越来越深的黑暗。

对于我们青少年来说，道理是一样的。同样的起跑线，却不一定有同样的终点线。两个学习成绩差不多的同学，经过一段时间的比较，就会发现，其中一个不断给自己打气，勤奋上进、进步特别大。另一个逐渐松懈，对学习失去热情，变得懒惰，倒退得特别厉害。

大科学家牛顿告诉我们，他对社会的贡献主要归功于他的勤奋。我们的大脑如同锄头，只有不停地用才会更加光亮，不用只会生锈。聪明的人懂得只有不断学习新知识，才能使自己的头脑越发聪明，散发智慧的光芒。

你是想成为辛勤劳作而散发光芒的锄头，还是碌碌无为变得锈迹斑斑的锄头呢？

# 用勤奋筑一道"防懒堤"

《颜氏家训》说："天下事以难而废者十之一，以惰而废者十之九。"惰性往往是许多人虚度时光、碌碌无为的性格因素。惰性集中表现为拖拉，就是说可以完成的事不立即完成，今天推明天，明天推后天。"今天不为待明朝，车到山前必有路"，结果，事情没做多少，美好年华却在这无休止的拖拉中流逝殆尽了。

懒惰，从某种意义上讲就是一种堕落，它就像一种精神腐蚀剂一样，慢慢地侵蚀着你。一旦背上了懒惰的包袱，你就为自己的生活掘下了坟墓。马歇尔·霍尔博士认为："没有什么比无所事事、懒惰、空虚无聊更加有害的了。"

所以，我们应该用勤奋筑一道"防懒堤"，阻挡懒惰的靠近。

美国著名作家杰克·伦敦在19岁以前，还从来没有进过中学。但他非常勤奋，通过不懈的努力，使自己从一个小混混成为了一个文学巨匠。

杰克·伦敦的童年生活充满了贫困与艰难，他整天像发了疯一样跟着一群恶棍在旧金山海湾附近游荡。说起学校，他不屑一顾，并把大部分的时间都花在偷盗等勾当上。不过有一天，他漫不经心地走进一家公共图书馆内开始读起名著《鲁宾孙漂流记》时，他看得如痴如醉，并受到了深深的感动。在看这本书时饥肠辘辘的他，竟然舍不得中途停下来回家吃饭。第二天，他又跑到图书馆去看别的，另一个新的世界展现在他的面前——一个如同《天方夜谭》中巴格达一样奇异美妙的世界。从这以后，一种酷爱读书的情绪便不可抑制地左右了他。一天中，他读书的时间达到了 10~15 小时，从荷马到莎士比亚，从赫伯特斯宾基到马克思等人的所有著作，他都如饥似渴地读着。19 岁时，他决定停止以前靠体力劳动吃饭的生涯，改成以脑力谋生。他厌倦了流浪的生活，他不愿再挨警察无情的拳头，他也不甘心让铁路的工头用灯按自己的脑袋。

于是，就在他 19 岁时，他进入加利福尼亚州的奥克德中学。他不分昼夜地用功，从来就没有好好地睡过一觉。天道酬勤，他也因此有了显著的进步，他只用了三个月的时间就把四年的课程念完了，通过考试后，他进入了加州大学。

他渴望成为一名伟大的作家，在这一雄心的驱使下，他一遍又一遍地读《金银岛》《基度山恩仇记》《双城记》等书，之后就拼命地写作。他每天写 5000 字，这也就是说，他可以用 20 天的时间完成一部长篇小说。他有时会一口气给编辑们寄出 30 篇小说，但它们统统被退了回来。

后来，他写了一篇名为《海岸外的飓风》的小说，这篇小说获得了《旧金山呼声》杂志所举办的征文比赛头奖，但他只得到了 20 美元的稿费。5 年后的 1903 年，他有 6 部长篇以及 125 篇短篇小说问世。他成了美国文艺界最为知名的人物之一。

杰克·伦敦的经历一点都不让我们感到惊讶，一个人的成就和他的勤奋程度永远是成正比的。试想，如果杰克·伦敦心甘情愿当个懒惰的小混混，而不是变得那么勤奋，对写作那样如饥似渴，他绝对不会取得日后的成就。勤奋是到达卓越的阶梯。如果你是一名懒惰者，那么，你就永远不会和卓越者有任何关系。

懒惰者是不能成大事的，因为懒惰的人总是贪图安逸，遇到一点儿风险就吓破了胆，另外，这些人缺乏吃苦实干的精神，总存有侥幸心理。而成大事之人，他们更相信"勤奋是金"。不经历风雨怎么见彩虹，一个人怎能随随便便成功？所以在被懒惰摧毁之前，你要先学会摧毁懒惰。从现在开始，摆脱懒惰的纠缠，不能有片刻的松懈。

懒惰是学习的大敌，是生活的大敌。一个人的懒惰只是个人的不幸，一个民族的懒惰，则是整个民族的悲哀！青少年是祖国的未来，肩负着中华民族伟大复兴的历史使命，需要我们每个人打起十二分的精神，艰苦奋斗，勤奋学习。

# 克服你的惰性

早上躺在床上不想起来，起床后什么事也不想干，能拖到明天的事今天不做，能推给别人的事自己不做，不懂的事自己不想懂，不会做的事自己不想做……"懒惰"是个很有诱惑力的怪物，谁都会与这个怪物相遇。它是人类最难克服的一个敌人，许多本来可以做到的事，都因为一次又一次的懒惰拖延而错过了成功的机会。

懒惰是无法按照自己的愿望进行活动的一种精神状态，它是意志缺陷中较常见的。懒惰的习惯一旦养成，它就会将我们朝成功的反方向拉。因此，我们要想获得成功，就必须战胜懒惰。

那么怎样才能培养勤奋的习惯，战胜懒惰的心理呢？以下是几点克服懒惰的好方法，不妨试一试：

1. 保持一颗进取心。进取心是一种永不停息的自我推动力，它会使我们的人生更加崇高。拥有进取心之后，那些不良的恶习就没有了滋生的环境和土壤，久而久之，懒惰的习性就会逐渐消失。

2. 学会肯定自己，勇敢地把不足变为勤奋的动力。学习、劳动时都要全身心投入争取最满意的结果。无论结果如何，都要看到自己努力的一面。如果改变方法也不能很好地完成，说明或是技术不熟，或是还需完善其中某方面的学习。扎实的学习最终会让你成功的。

3.　规律生活。生命活动是有规律进行的，一个人起居有常，三餐适时，劳逸适度是身体健康的保证。懒散之人往往散漫成性，生活杂乱无章，睡无时、食无量，身体各系统的功能活动很难与环境相适应，时间久了，身体健康会受到摧残。

4.　使用日程安排表。这个日程表可以帮你把所有事项很有条理地记录在一个地方，并时时提醒你抓紧行动，许多成功人士均有这种日程安排表，如"富兰克林的计划簿"。

5.　在住宅之外的地方学习。人的行为在住宅内外是有很大差异的。家一般是休息之所，故在家里容易松懈。在家之外的地方，特别是在图书馆等有学习氛围的地方，则会紧张起来。此外，有些人养成的一些懒惰的恶习，如躺在床上看"闲书"，若离开了家，就铲除了它赖以存在的土壤。还有，家里供你消遣的东西太多，电视、电脑、电话、食物，这些东西都是能诱使你分心的"潘多拉魔盒"。离开了家，就离开了这些诱惑。

6.　睁眼即起，尽早开始学习。懒惰的主要表现是赖床，即觉醒后不及时起床。克服懒惰，首先要克服赖床，做到睁眼即起。史学家司马光为了克服这种毛病，自制了一个圆形物体做枕头。他只要一觉醒来，身体一动弹，"枕头"就会滚动开来，他就能做到及时起床了。别人将他的奇特枕头叫作"警枕"。他每天写作到深夜，五更起来又接着干。成书后，仅残稿就堆了两间屋子。任何事物都是习惯性的。一件事情，只要开了头，后边就不好再停顿下来了。因此，决定下来的事情，就要迅速去做。

7.　健身运动。健身房逊色于日常劳作，日常劳作是最好的运动方式，去健身房运动有时间、地点的限制，还要花费钱财，动作往往是单一机械地重复，不利于开动脑筋，既单调乏味又难以长久坚持。日常劳作多种多样，多需心眼手足一起活动，健身又健脑，且通过劳动创造了美好的生活，自有一分收获的欣慰。这些良性刺激都有助于人的健美。为了自己的健康快乐与长寿，也为了家庭的美好与幸福，每个人都必须有健康的心态、清醒的头脑和各自不同的锻炼方法，来抵御祸害现代人健康的元凶——懒散。

一个人的成长与发展，天赋、环境、机遇、学识等外部因素固然重要，但更重要的是自身的勤奋与努力。没有自身的勤奋，就算是天资奇佳的雄鹰也只能空振双翅；有了勤奋的精神，就算是行动迟缓的蜗牛也能雄踞塔顶，观千山暮雪，渺万里层云。成功不单纯依靠能力和智慧，更要靠每一个人自身孜孜不倦的勤奋努力。

# 第三章

# 自负是安抚愚人的麻醉剂

# 自负毁了伟人一世英名

综观历史，一些成功人士的失败，无不源于在成就面前的忘乎所以、我行我素、目空一切。楚霸王由于自负而垓下惨败；关云长因自负而痛失荆州；拿破仑因自负而兵败滑铁卢……因此，自负将使人品尝失败的苦累，自负是成功路上可怕的拦路虎。关于自负，世人皆知的著名发明家爱迪生的晚年经历也许能给我们一些启发。

当初那个锐意进取的爱迪生，到了晚年曾说过一句令我们目瞪口呆的话："你们以后不要再向我提出任何建议。因为你们的想法，我早就想过了！"于是悲剧开始了。

1882年，在白炽灯彻底获得市场认可后，爱迪生的电气公司开始建立电力网，由此开始了"电力时代"。当时，爱迪生的公司是靠直流电输电的。不久，交流电技术开始崭露头角，但受限于数学知识（交流电需要较多数学知识）的不足，更受限于孤芳自赏的心态，爱迪生始终不承认交流电的价值。凭借自己的威望，爱迪生到处演讲，不遗余力地攻击交流电，甚至公开嘲笑交流电唯一的用途就是做电椅杀人！发展交流电技术的威斯汀豪斯公司，一度被爱迪生压得抬不起头来。

但一朝不等于一世。后来那些崇拜、迷信爱迪生的人在铁的事实面前惊讶地发现：交流电其实比直流电要强得多！

爱迪生辉煌了人生，却在接近尾声时栽了一个致命的大跟头，而且再没能爬起来，成了他一生挥之不去的败笔。

是什么使爱迪生前后判若两人？是什么毁了一个功成名就的伟人？在逆境中，爱迪生保持了惊人的毅力与良好的心态；在顺境中，他却像历史上很多伟人一样，沉湎于自己的成就中，变得狂妄、轻率而固执。从此刻起，他前半生积累的一切成就，全部变成了负数，阻碍了社会进步，也毁了自己的一世英名。

不要相信有人会永远英明，即便是伟大的牛顿、爱迪生，到晚年都保不住自己的"品牌"。古今中外的很多伟人都难逃"成功—自信—自负—狂妄—轻率—惨败"的怪圈。真正聪明的人，总是在为事业奠定一个物质和制度基础后，平视自己的成就，平视周围的人，而不是仰视成就，俯视周围的人和事，这样的人才可能事业常青。

## 谦逊基于力量，自负基于无能

有一点小本事就盲目自大、目中无人，这是我们许多人身上的通病。比尔·盖茨曾说："如果我们有了一点成功便觉得了不起，这是不可取的行为。然而如果我们为自己的成功自鸣得意时，有一个人来教训我们一番，那么，我们就可以算是幸运了。"

在生活中，很多人只知吹嘘自己曾经取得的辉煌，夸耀自己的能力学识，以为这样可以抬高自己。但事实上，他们越吹嘘自己，越会被人讨厌；越夸耀自己的能力，越容易使自己出丑。

俄国作家契诃夫曾说："人应该谦虚，不要让自己的名字像水塘上的气泡那样一闪就过去了。"如果你认为自己拥有广博的知识、高超的技能、卓越的智慧，但如果没有谦虚镶边的话，你就不可能取得灿烂夺目的成就。你要永远记住："伟人多谦逊，小人多骄傲。太阳穿一件朴素的光衣，白云却披了灿烂的裙裾。"

在秦始皇陵兵马俑博物馆，有一尊被称为"镇馆之宝"的跪射俑。它被誉为兵马俑中的精华，中国古代雕塑艺术的杰作。陕西省就是以跪射俑作为标志的。

它左腿蹲曲，右膝跪地，右足竖起，足尖抵地。上身微左侧，双目炯炯，凝视左前方。两手在身体右侧一上一下作持弓弩状。

如今，秦兵马俑坑已经出土、清理各种陶俑1000多尊，除跪射俑，皆有不同程度的损坏，需要人工修复。而这尊跪射俑是保存最完整的，仔细观察，就连衣纹、发丝都还清晰可见。

这究竟为何呢？

专家告诉我们，这得益于它的低姿态。首先，跪射俑身高只有1.2米，而普通立姿兵马俑的身高都在1.8米至1.97米。天塌下来有高个子顶着，兵马俑坑都是地下坑道式土木结构建筑，当棚顶塌陷、土木俱下时，高大的立姿俑首当其冲，低姿的跪射俑受损害就小一些。其次，跪射俑作蹲跪姿，右膝、右足、左足三个支点呈等腰三角形支撑着上体，重心在下，增强了稳定性。

其实，处世也是如此，保持谦卑的姿态，避开无谓的纷争，就能避开意外的伤害，更好地发展自己。

谦逊基于力量，自负基于无能。夸耀自己和自我表扬并不会为我们赢得好的机会，只会断送我们的前程。因为一个喜欢标榜自己的人，往往会失去朋友——没有人喜欢和一个自我表扬的人在一起，失去别人的信任——别人不但对你的能力产生怀疑，更严重的是你的品德和灵魂会遭人批评。无疑，一个没有好人缘、不可信的人是永远也不会与成功邂逅的。

# 化自负为动力

柳公权，中国唐代著名的书法家，"柳体"的创立者。他创立的柳体和临写的《玄秘塔》直至今天仍然是人们学习、临摹的权威性字帖。柳公权自幼聪明好学，特别喜欢写字，十四五岁便能写出一手好字，经常受到老师的表扬。日子久了，他心里美滋滋的，不知不觉就骄傲起来，以为天下"唯我独尊"了。

有一天，柳公权和几个小伙伴举行"写字大赛"。柳公权很快写好一篇，心想：我肯定是第一，谁能比得过我？心里这样想着，脸上也显露出洋洋得意的神情。这时，从东面走过来一位卖豆腐的老汉，这老汉早看出了柳公权的傲气，于是说道："这字写得并不好，就像我担子里的豆腐，软塌塌的，没筋没骨。"

柳公权一听老汉的评价，马上不服气地说："我的字不好，那么请你写几个让我瞧瞧！"

老汉笑道："我一个卖豆腐的，你跟我比有什么出息。城里有一个用脚写字的人，比你用手写的强几倍呢。如果不信，就去城里看看吧。"

第二天，柳公权带着满肚委屈和狐疑进城了。刚进城，他就看见一棵大树下围着许多人。他挤进人群，只见一位老人已失去双臂，正坐在地上用脚写字。他用左脚压着纸的一边，用右脚的拇趾和二趾夹住毛笔，运转脚腕，一行道劲的大字便出现在人们的眼前。众人一阵喝彩："好，好！"

柳公权惊呆了，真是不看不知道，山外有山，天外有天！自己有完整的手臂，还赶不上人家用脚写的，更有甚者，还骄傲自满，自以为天下第一了，实在惭愧。想到这里，柳公权来到无臂老人面前，双膝跪倒，说道："先生，请受徒儿一拜，请您教我写字吧。"

无臂老人推辞道："我一个残废人，能教你什么，只是混口饭吃罢了。"

柳公权说："请您不要推辞了，您不收下我，我就不起来！"

这老者见他言辞恳切，心里一动，说道："你要实在想学，那么你就照着这首诗练下去吧。"

说罢，老人又用脚铺开一张纸，挥毫写下一首诗：写尽八缸水，墨染涝池黑，博取众家长，始得龙凤飞。

柳公权把老人的话牢记在心，他不但懂得了写字必须勤写勤练、虚心学习，更懂得了做人亦不能恃才傲物，否则将一事无成。经过苦练，柳公权终于成为我国著名书法家。

自负是我们前进中的绊脚石，它就像有色眼镜一样，使我们看不到别人的闪光点，自以为是，止步不前。一个因骄傲而自大的人多半盲目，这使得他不能接受新思想、新事物，并拒绝改变。相反，谦虚能让一个人得到最大的帮助与知识，使他的内心更为充盈。

美国哲学家、科学家富兰克林曾说："自负是一个人要除掉的恶习。"既然自负会成为我们性格上的弱点，会阻碍我们前进的脚步，那么，我们就应该培养良好的习惯去克服它，不让它滋生蔓长。

1. 接受批评。这是根治自负的最佳办法。自负者的致命弱点是不愿意改变自己的态度或接受别人的观点，接受批评即是针对这一特点提出的方法。这并不是让自负者完全服从于他人，只是要求他们能够接受别人的正确观点，通过接受别人的批评，改变过去固执己见、唯我独尊的形象。

2. 与人平等相处。自负者视自己为上帝，无论在观念上还是行动上都无理地要求别人服从自己。平等相处就是要求自负者以一个普通社会成员的身份与别人平等交往。

3. 时刻反躬自省。自负者往往是习惯沉浸于虚无的胜利中的幻想者，眼前显现的、耳边响动的永远是昔日的鲜花与掌声。他们不能静下心来想一想自己今天都做了些什么，都收获了什么。如果一个人能经常进行自我反省，那么他就不会有自负心理了；如果一个人能不断地提高对自己的要求，那么他就能把昔日的成功化为今日前进的动力了。

# 第四章

## 懦弱的人经历很多次死亡，勇士只会死一次

# 失败的人不一定懦弱，懦弱的人却常常失败

在困难面前表现出懦弱的人是不会获得成功的。懦弱者常常害怕机遇，因为他们不习惯迎接挑战。他们从机遇中看到的是忧患，而在真正的忧患中，他们看不到机遇。

西方有句名言说：失败的人不一定懦弱，懦弱的人却常常失败。人都有其懦弱的一面，但关键的是聪明的人能够战胜内心深处的懦弱，获得向上的精神动力。勇敢是每一个人都需要的品质。在困境面前，能够克服自己的懦弱，勇敢地迎接挑战，才能获得命运的青睐。懦弱不但会让人失去机会，还有可能让人失去生命，懦弱的人害怕有压力的状态，他们不善于坚持，对命运屈服。

红卫兵年代，他，一位老教授下放到农村放牛。

运动来了，他就得上台，被人骂被人斗。折磨够了，就被押往牛棚。

这种非人的生活使很多过来人都想到了死。老教授也是，他想以死来抗争这疯狂的世界。

但他最终没有死，是牛的眼神让他的心灵感到一种无言的震撼。他对着牛哭，牛只是看着他，很平静、很安详地看着他。这种眼神，像是在告诉他："你为什么要这样做。"又好像是在取笑他："你太懦弱了。"

挂在牛棚上的绳子被他解下来扔了。但在那个时代活着，是要付出代价的。

以当时的政策，牛是不能屠杀的。但那个时候，一年到头，村人难得见到油腥。年关将近，为了能吃到肉，他们想到了一个办法，就是弄死一头牛。

最终，他们想到了老教授。大队长命令老教授把一头老牛牵到一处悬崖边，然后把牛推到悬崖下，这样会让人以为牛是失足摔死的。

老教授在队长的威逼下这样做了。老牛在滑向悬崖的时候，用前脚拼命扒住了一块石头，眼神里仍然平静，但奇怪的是，牛的眼眶里满是泪水。

牛很快就坚持不了了，摔下了悬崖……那个年关，全村的人都吃到了牛肉。

不久，厄运降临了。有人告发了这件事，一切的罪责都落到了老教授的身上。他以破坏生产罪被判了 15 年徒刑。

在北大荒的 15 年，他受尽非人的待遇，但每当想到自杀的时候，总是想起那头牛摔落悬崖时的眼神。

他要活着，像牛一样地活着，终于，老教授坚强地活下来了。只有活着才会感觉这世界上的一切——痛苦与欢乐。

老教授从一个懦弱的人，变成了一个坚强乐观的人。从一个担惊受怕的人，变成了一个勇敢的人。懦弱的性格让老教授一度处于人生的麻痹阶段，他被各种各样的恐惧、忧虑包围着，看不到前面的路，更看不到前方的风景。

但事实上，只要将这麻痹药抛去，生活依然很美好。

# 不做活在"壳"里的胆小鬼

有些人就算是被人欺负了，遭受了不公正的待遇也还是忍气吞声，这种逆来顺受的性格会导致别人的再次侵害。

俄国著名作家契诃夫有这样一篇文章就足以说明了这一点。

一天，史密斯把孩子的家庭教师尤丽娅·瓦西里耶夫娜请到他的办公室来，需要结算一下工钱。

史密斯对她说："请坐，尤丽娅·瓦西里耶夫娜！让我们算算工钱吧。你也许要用钱，你太拘泥于礼节，自己是不肯开口的……喏……

我们和你讲妥，每月 30 卢布……"

"40 卢布……"

"不，30……我这里有记载，我一向按 30 付教师的工资的……喏，你待了一共两个月……"

"两个月零 5 天……"

"整两月……我这里是这样记的。这就是说，应付你 60 卢布……扣除 9 个星期日……实际上星期日你是不和柯里雅搞学习的，只不过游玩……还有 3 个节日……"

尤丽娅·瓦西里耶夫娜骤然涨红了脸，牵动着衣襟，但一语不发。

"3 个节日一并扣除，应扣 12 卢布……柯里雅有病 4 天没学习……你只和瓦里雅一人学习……你牙痛 3 天，我内人准你午饭后歇假……12 加 7 得 19，扣除……还剩……嗯……41 卢布。对吧?"

尤丽娅·瓦西里耶夫娜两眼发红，下巴在颤抖。她神经质地咳嗽起来，擤了擤鼻涕，但一语不发!

"新年底，你打碎一个带底碟的配套茶杯，扣除 2 卢布……按理茶杯的价钱还高，它是传家之宝……我们的财产到处丢失!而后，由于你的疏忽，柯里雅爬树撕破礼服……扣除 10 卢布……女仆盗走瓦里雅皮鞋一双，也是由于你玩忽职守，你应负一切责任，你是拿工资的嘛，所以，也就是说，再扣除 5 卢布……1 月 9 日你从我这里支取了 9 卢布……"

"我没支过!"尤里娅·瓦西里耶夫娜嗫嚅着。

"可我这里有记载!"

"喏……那就算这样，也行。"

"41 减 26 净得 15。"

尤丽娅两眼充满泪水，长而秀美的小鼻子渗着汗珠，多么令人怜悯的小姑娘啊!她用颤抖的声音说道:"有一次我只从您夫人那里支取了 3 卢布……再没支过……"

"是吗?这么说，我这里漏记了!从 15 卢布再扣除……喏，这是你的钱，最可爱的姑娘，3 卢布……3 卢布……又 3 卢布……1 卢布再加 1 卢布……请收下吧!"

史密斯把 12 卢布递给了她，她接过去，喃喃地说:"谢谢。"

史密斯一跃而起，开始在屋内踱来踱去。

"为什么'谢谢'？"史密斯问。

"为了给钱……"

"可是我洗劫了你，鬼晓得，这是抢劫！实际上我偷了你的钱！为什么还说'谢谢'？"

"在别处，根本一文不给。"

"不给？怪啦！我和你开玩笑，对你的教训是太残酷……我要把你应得的 80 卢布如数付给你！喏，事先已给你装好在信封里了！你为什么不抗议？为什么沉默不语？难道生在这个世界口笨嘴拙行吗？难道可以这样软弱吗？"

史密斯请她对自己刚才所开的玩笑给予宽恕，接着把使她大为惊疑的 80 卢布递给了她。她羞羞地过了一下数，就走出去了……

对于像文中女主人公的遭遇能用什么词汇来形容呢？只能用懦弱来形容。个性懦弱的人，他们无论说话、做事，还是待人接物都显得谨小慎微、缩头缩脑、卑躬屈膝，总是怕做错什么，不敢越雷池半步。由于过分担心害怕，所以做起事来犹犹豫豫，效率特别低。

再者，他们意志薄弱，缺乏敢作敢当的勇气，遇到突发事件就会惊慌失措。他们不敢冒风险，不敢和一切艰难困苦、邪恶势力作斗争。

对他们来说，只有躲在自己的壳里才是最安全的，这样的人，只有自己给自己的心理来场蹦极，让胆小的情绪在突破极限的时候，自我化解。

## 试着勇敢一点

在七彩阳光中，紫色代表着胆识与勇气。勇气是产生于人的意识深处的对自我力量的确信，是对自我能力能压倒一切的信念，是相信自己可以面对一切紧急状况，处理一切障碍，并能控制任何局面的信心，是穿越重重险阻，历经磨难走向成功的意志。勇气，是一种阳光般的力量，源自于自我潜意识深处的积极暗示。

巴顿将军说过："要无畏、无畏、无畏。记住，从现在起直至胜利或牺牲，我们要永远无畏。"要获得成功少不了胆量，也少不了勇气。一个永不丧失勇气的人是永远不会被打败的，因为他坚信风雨过后就是阳光。

在现实生活中，许多事情都需要勇气做支撑。放弃需要勇气，拒绝需要勇气，尝试需要勇气，冒险需要勇气……甚至连说话都需要勇气。一个人如果缺乏勇气，就失去了承担责任的基础，就只能生存于他人的庇护之下，无法面对人生的任何压力和挑战。

1. 勇气是一种敢于面对现实，不怕困难，勇于进取，积极争取胜利的优秀品质。

2. 勇气是一种战胜恐惧的有力武器，是克服害怕失败、害怕丢脸等恐惧心理最有力的武器。

3. 勇气还可以教人在遇到挫折时，不要畏惧，不要回避，勇敢面对它，去接受一切挑战，战胜困难，赢得成功。只要勇敢地去行动、去尝试，总会有一些收获，要么收获成功，要么收获经验。

那些获得成功的人们，如果当初在一次次人生的挑战面前，因恐惧失败而退却，放弃尝试的机会，则不可能有所谓成功的降临。没有勇敢的尝试，就无从得知事物的深刻内涵，而勇敢地去做了，即使失败，也能获得宝贵的体验，从而在命运的挣扎中，越发坚强，越发有力，越接近成功。

失败，失败，暂时成功之后接着是更大的失败！只有勇敢地走过失败，才能走向真正辉煌的成功。

不甘平凡，勇敢地挑战自我、挑战潜能，下定决心，铁了心去做。你可能面对不同的局面，但必须时刻记住：要为梦想去奋斗。你有信心获得成功，你就能成功，因为，你体内有一股巨大的潜能。你勇敢，困难便退却；你懦弱，困难就变本加厉地欺负你。你勇敢，就可能成功；你懦弱，则肯定会失败。

无论人生走到哪一种境地，只要你还有勇气向成功挑战，你就还没有失败。所有失败，都是你创造财富的宝贵经验，是人生的一大资本。勇气是成功人生的保证，它激励着一颗渴望成功的心，只要勇气长存，一定能取得成功。

# 第五章

## 心浮则气躁，气躁则神难凝

# 不要让浮躁使你错失机会

急于求成、急功近利是人的本性，做事情老是求快，就会追求了速度，却忘记了质量。浮躁的人就是有这样的缺点，他们希望成功，也渴望成功，但在如何获得成功的心态上，显得比常人更为急躁。

很多浮躁的人不懂得如何为自己规划人生，最后他们不但没有得到自己梦想中的成功，反而生活得更加不如意。

一个忙碌了半生的人，这样诉说自己的苦闷："我这一两年一直心神不定，老想出去闯荡一番，总觉得在我们那个破单位待着憋闷得慌。看着别人房子、车子、票子都有了，心里慌啊！以前也做过几笔买卖，都是赔多赚少；我去摸奖，一心想摸成个暴发户，可结果花几千元连个声响都没听着，就没有影了。后来又跳了几家单位，不是这个单位离家太远，就是那个单位专业不对口，再就是待遇不好，反正找个合适的工作太难啊！天天无头苍蝇一般，反正，我心里就是不踏实，闷得慌。"

生活中，就是常有这样的一些人做事缺少恒心，见异思迁，急功近利，成天无所事事。面对急剧变化的社会，他们对前途毫无信心，心神不宁。浮躁是一种情绪，一种并不可取的生活态度。人浮躁了，会终日处在又忙又烦的应急状态中，脾气会暴躁，神经会紧绷，长久下来，会被生活的急流挟裹。

年轻人充满梦想，这是件好事情，但年轻人往往不懂得，梦想只有在脚踏实地的工作中才能得以实现。因此，面对丰富复杂的社会，他们往往会产生浮躁的情绪。在浮躁情绪的影响下，他们常常抱怨自己的"文韬武略"无从施展，抱怨没有善于识才的伯乐。

现在社会中的许多年轻人，不懂得坚持忍耐，只想着一蹴而就。这样的人，自然是无法触摸到成功的臂膀的。

许多浮躁的人都曾经有过梦想，却始终无法实现，最后只剩下牢骚和抱怨，他们把这归因于缺少机会。实际上，生活和工作中到处充满着机会：学校中的每一堂课都是一个机会；每次考试都是生命中的一个机会；报纸中的每一篇文章都是一个机会；每个客户都是一个机会；每次训诫都是一个机会；每笔生意都是一个机会。这些机会带来教养、带来勇敢，培养品德，制造朋友。

脚踏实地的耕耘者在平凡的工作中创造了机会，抓住了机会，实现了自己的梦想；而眼光不愿俯视手中工作，嫌其琐碎平凡的人，在焦虑的等待机会中，度过了并不愉快的一生。

# 锲而不舍，金石可镂

目前，在社会上，有一种不容忽视的现象，那就是在人群中普遍充斥着一种浮躁的情绪，而务实的人越来越少。有不少人每天都在想办法寻找成功的捷径，一行动起来，就尽可能地钻空子、占便宜，而不愿务实地按照正当的程序去做，白白地丢掉了成功的机会，也失掉了更多的自我发展的机会。

在《齐鲁晚报》上一篇名为《剩者为王》的文章，却是讲述了一个这样的故事，故事的主人公安安静静、踏踏实实地完成自己人生的每一步：

她的成绩一直不太好，小学阶段她的成绩中游偏下，从未被选出参加过各类竞赛；中学阶段她还是那样默默无闻，尽管挺刻苦，成绩却毫不出色。

到县一中读书时，村子里读书的少年仅剩了我们四个，只她一个女孩子。高中三年是最艰苦的阶段，后来，她把每月一次的探家假也省了，每次都让人给她捎点饭费回来。尽管如此，直到最后模拟考试，她的成绩才从下游勉强挪到了中游。

凭她的成绩考本科不可能，只能考虑本市的高专。出人意料的是她居然"骑"在了本科线上，被外省一个名不见经传的三流学院录取了。尽管她成了班里高考的黑马，但所有的人都不看好她的前途和专业。

那年与她一起上学的几个人，一个落榜后外出打工，一个考了专科，一个在本省读书，她去了西安。

一晃大学毕业了，她找了几个月工作也没有合适的，整天和父亲去大棚浇菜。一次回家，同学在街上遇到她，她觉得很不好意思，说工作不好找，打算考研，可没把握。她的英语四级考了三次才勉强通过，考研对她来说的确有难度，但同学还是敷衍说不如试试，不行也就死心了。

第二年春天，她居然考取了西北工业大学的硕士研究生，很是让人吃惊。研究生应该压力比较小了，别人打工、谈恋爱，她却抱着书本啃，很多次在网上聊天时她都说"学习很吃力，争取按时毕业"。大家都认为，凭她的智商和学习能力，要想顺利毕业肯定要下番功夫才行。

大概是别人的倦怠成就了她，毕业时她因为成绩优秀，又被保送博士连读。这次她真的退却了，用她的话说"太难，越读越害怕"。她的父亲非常生气，以断绝关系相要挟，"多光宗耀祖的事儿啊，一定要去读"。就这样，她被迫回到学校。为了早日毕业，她心无旁骛，丝毫不敢放松。

那年，她被学校推荐公费赴美留学！名额定下了。所有认识她的人都被震动了。她说申报的人很多，比自己优秀、成绩好的人也很多，为何导师最后力荐自己呢？她自己也倍感意外。

有人特地在网上查过，她将留学的那个大学高分子材料学世界排名第一。

三年间，她很本分地做学生，勤恳地做试验，毕业时已经在国际权威杂志上发表过几篇很有分量的论文，成了业内年轻的专家。

毕业后，她刚回国，就被一家德国公司以年薪 12 万美元聘走了……

她的成功源自坚持，不浮躁。当别人在感慨自己时运不济急于放弃时，当别人弃拙求巧昂首阔步在成功的"捷径"上时，她只一味地安守自己的本分，一步一个脚印坚持到底，正是这种貌似愚蠢、呆板的坚持，让她获得了机遇的垂青。

古人云："锲而不舍，金石可镂。锲而舍之，朽木不折。"成功人士之所以成功的重要秘诀就在于，他们将全部的精力、心力放在同一目标上。许多人虽然很聪明，但心存浮躁，做事不专一，缺乏意志和恒心，到头来只能是一事无成。

生活中，无论是名不见经传的普通人，还是声名显赫的成功人士，都容易浮躁，这时，他们最需要的就是以冷静来克制浮躁情绪。

冷静是智慧美丽的珍宝，它来自长期耐心的自我控制；冷静是一种成熟的经历，来自于对事物规律不同寻常的了解。一个冷静的人不会在任何事情面前大惊小怪，而会在大风大浪中如岩石般屹立于海岸，岿然不动。保持冷静，就会拥有处变不惊、泰然自若的人生。

在工作中，遇事冷静的人时时刻刻都能控制住自己的情绪，绝不会因为任务繁重而急于求成，也不会因为工作压力而浮躁不安。面对任务和压力，他们始终保持冷静，最大限度地利用自己能够利用的资源，日复一日、年复一年地执着、拼搏。

冷静使人清醒，冷静使人聪慧，冷静使人沉着，冷静使人理智，冷静使人豁达，冷静使人有条不紊，冷静使人少犯错误，冷静使人高瞻远瞩。

冷静是一个人成熟的标志，冷静使人懂得在急速奔跑的时候，依然会停下来，系紧鞋带，好使得在之后的奔跑中，不至于被自己绊倒。

# 让浮躁的心冷静下来

梁实秋先生是一个以优雅著称的学者，他优雅的话语、优雅的文章总能让人心情宁静。有人说梁实秋先生的文章是一杯清心茶，能荡涤人心中的浮躁。而现实中的梁实秋先生，也是主张做人应该踏实而最忌浮躁的。

抗日战争时期，梁实秋滞留在四川成都，当时他所处的环境，可以说与一座"牢狱"没有多大差别，然而他将其住所取名为"雅舍"，且一住七年。豁达的心胸和踏实的生活态度，在梁实秋先生看来是为自己"减刑"的方法。

正是在这样的环境中，梁实秋先生除完成中小学战时教材编写任务，还创作了《雅舍》等十几篇小品文，翻译了莎士比亚的《亨利四世》等多部外国作品。

在为《雅舍小品》作序时，梁实秋先生说："我非显要，故名公巨卿之照片不得入我室；我非牙医，故无博士文凭张挂壁间；我不业理发，故丝织西湖十景以及电影明星之照片亦均不能张我四壁。"

这些话表达了他对社会各色人等自我炫耀和浮躁之陋习的讥讽，亦有对自我个性的张扬：我自有我的生活方式，我的人生趣味，对他人概不艳羡，亦不模仿。正是这种踏实而不浮躁的生活态度，让困境里的梁实秋先生也能感受到生活的乐趣。

只有扼制住浮躁的心态，专心做事，才能达到自己的目标。对于不浮躁的人来说，他往往具有这样的品质，就是做一件事情，不坚持到最后一分钟是不甘心失败的。这样的人身上所具备的品质便是冷静。

要成为一个成功的人，就应该记住：你可以着急，但切不可浮躁。

成功之路，艰辛漫长而又曲折，只有稳步前进才能坚持到终点，赢得成功；如果一开始就浮躁，那么，你最多只能走到一半的路程，然后就会累倒在地。事情往往就是这样，你越着急，就越不会成功。因为着急会使你失去清醒的头脑，结果在你奋斗过程中，浮躁占据着你的思维，使你不能正确地制定方针、策略以稳步前进。

当你克服了浮躁，你才会吃得成功路上的苦，才会有耐心与毅力一步一个脚印地向前迈进，才不会因各种诱惑而迷失方向，盲目地让自己奔向一个超出自己能力范围的目标，而是踏踏实实地去做自己能做的事情，直至成功。

现代社会快节奏的生活、巨大的压力容易使人心境失衡，如果患得患失，不能以宁静的心灵面对无穷无尽的诱惑，就会感到心力交瘁或迷惘躁动。很多时候，我们的内心都为外物所遮蔽、掩饰，浮躁的心情占领了我们的整颗心，因此在人生中留下许多遗憾。

这一切清清楚楚地告诉我们：浮躁心理是多么的可怕。既然如此，我们又该怎样摆脱这种浮躁的心理状态呢？

1. 不要总和他人攀比。与人比较会让自己更有上进心，但比较要得当，不能一味地攀比，而迷失了自己的方向。要克制自己的不良心态，做到心态健康地比较。也就不会产生那些心神不宁、无所适从的感觉。

2. 脚踏实地，培养自己的务实精神。务实就是"实事求是，不自以为是"的精神，是开拓的基础。没有务实精神，开拓只是花拳绣腿，这个道理你应该懂得。

3. 勤思考，多动脑。考虑问题应从现实出发，不能跟着感觉走，看问题要站得高、看得远，考虑缜密。做一个实在的人。

# 第六章

## 乐观者从灾难中看到机遇，
## 悲观者从机遇中看到灾难

# 受苦的人没有悲观的权利

在现实生活中，每个人都可能遭受这样或那样的打击和挫折：因为成绩不好而精神萎靡，或是因为自己普通的容貌而忧伤，因为无法面对高考的巨大压力而垂头丧气……

悲观的情绪就好像是魔鬼，将现实中的一切都给丑化了。许多人对未来和生活往往持有一种悲观的迷茫心理，对自己的过去，无论辉煌与否，都一概加以否定，心里充满了自责与痛苦，口中有说不完的遗憾和悔恨。他们对未来缺乏信心，认为自己一无是处，什么事都做不好，认知上否定自己的优势与能力，无限放大自己的缺陷。他们经常出现失眠多梦、嗜睡懒动，或觉得自己比平时更敏感、更容易忧伤等，重者自我意象消极，时常自怨自艾，或心境悲哀、待人冷漠。

下面这个真实的故事，可以让我们看到悲观对一个人有着多么大的影响。

塞尔玛陪伴丈夫驻扎在一个满是沙漠的陆军基地里。丈夫奉命到沙漠里去学习，她一个人留在陆军的小铁皮房子里，天气热得受不了——在仙人掌的阴影下也有43℃。她没有人可谈天——身边只有墨西哥人和印第安人，而他们不会说英语。她非常难过，于是写信给父母，说要丢开一切回家去。她父亲的回信只有一句话，这一句话却永远留在她内心，完全改变了她的生活：两个人从牢中的铁窗望出去，一个看到泥土，一个却看到了星星。

塞尔玛一再读这封信，觉得非常惭愧。她决定在沙漠中找到星星。

塞尔玛开始和当地人交朋友，他们的反应使她非常惊奇，她对他们的纺织、陶器表示兴趣，他们就把最喜欢但舍不得卖给观光客人的纺织品和陶器送给了她。塞尔玛研究那些引人入迷的仙人掌和各种沙漠植物、动物，又学习有关土拨鼠的知识。她观看沙漠日落，还寻找海螺壳，这些海螺壳是几万年前——这里还是海洋时留下来的，原来难以忍受的环境变成了令人兴奋、流连忘返的奇景。塞尔玛觉得自己已不再难过，而是每天都在快乐中度过。

是什么使这位女士变得快乐了呢？沙漠没有改变，印第安人也没有改变，但是这位女士的心理改变了，心态改变了。一念之差，使她把原先认为恶劣的情况变为一生中最有意义的冒险。她为发现新世界而兴奋不已，并为此写了一本书，以《快乐的城堡》为书名出版了。她终于从自己造的牢房里看出去，看到了星星。

其实，在工作和生活中，很多事情也是这样，乐观情绪总会带来快乐明亮的结果，而悲观的心理会使一切变得灰暗。

我们要学会快乐，只有这样，才能不让悲观的潮水没过头顶，令你窒息其中。否则，即便世界再美好，你也无法欣赏到其中的妙处了。

## 面朝阳光，把悲观的阴影抛在身后

人应该掌握自己的命运，做精神上的强者，做一个坚忍不拔的人。毕竟人的精神力量是巨大的，世间不存在无法克服的困难。面对这些困难，我们不应该默默地承受，而应去克服它们。扼住命运的咽喉，相信命运终会向我们低头。

许多人觉得自己在现实面前无能为力、抱怨上天的不公平时，那是因为他们没有走出悲观的阴霾，始终沉浸在自己的世界中，无法看到外面灿烂的阳光。

命运就好像纸老虎，你弱它就强，你强它自然就弱，好像帕克这样，虽然被命运击倒，但最后依然能够凭着自己的乐观站起来，重新笑对生活。

帕克在一家汽车公司上班。很不幸，一次机器故障导致他的右眼被击伤，抢救后还是没有保住，医生摘除了他的右眼球。

帕克原本是一个十分乐观的人，现在却沉默寡言。他害怕上街，因为总是有那么多人看他的眼睛。

他的休假一次次被延长，妻子艾丽丝负担起了家庭的所有开支。她很在乎这个家，爱着自己的丈夫，想让全家过得和以前一样。艾丽丝认为丈夫心中的阴影总会消除的，那只是时间问题。

但糟糕的是，帕克的另一只眼睛的视力也受到了影响。在一个阳光灿烂的早晨，帕克问妻子谁在院子里踢球时，艾丽丝惊讶地看着丈夫和正在踢球的儿子。在以前，儿子即使到更远的地方，他也能看到。艾丽丝什么也没有说，只是走近丈夫，轻轻地抱住他的头。

帕克说："亲爱的，我知道以后会发生什么，我已经意识到了。"

艾丽丝的泪就流下来了。其实，艾丽丝早就知道这种后果，只是她怕丈夫受不了打击而要求医生不要告诉他。

帕克知道自己要失明后，反而镇静多了，连艾丽丝也感到奇怪。

艾丽丝知道帕克能见到光明的日子已经不多了，她想为丈夫留下点什么。她每天把自己和儿子打扮得漂漂亮亮，还经常去美容院。不论她心里多么悲伤，在帕克面前，她总是努力微笑。

几个月后，帕克说："艾丽丝，我发现你新买的套裙那么旧了！"艾丽丝说："是吗？"她奔到一个他看不到的角落，低声哭了。她那件套裙的颜色在太阳底下绚丽夺目，她想，还能为丈夫留下什么呢？

第二天，家里来了一个油漆匠，艾丽丝想把家具和墙壁粉刷一遍，让帕克的心中永远有一个新家。

油漆匠工作很认真，一边干活还一边吹着口哨。干了一个星期，终于把所有的家具和墙壁刷好了，他也知道了帕克的情况。

油漆匠对帕克说："对不起，我干得很慢。"

帕克说："你天天那么开心，我也为此感到高兴。"

算工钱的时候，油漆匠少算了100元。艾丽丝和帕克说："你少算了工钱。"

油漆匠说："我已经多拿了，一个等待失明的人还那么平静，你告诉了我什么叫勇气。"但帕克坚持要多给油漆匠100元，帕克说："我也知道了原来残疾人也可以自食其力，生活得很快乐。"

油漆匠只有一只手。

19 世纪英国较有影响的诗人胡德曾说过："即使到了我生命的最后一天，我也要像太阳一样，总是面对着事物光明的一面。"心里有阳光，世界也到处有明媚宜人的阳光。乐观的人一路纵情歌唱，即使在乌云的笼罩之下，他也会充满对美好未来的期待，跳动的心灵一刻都不曾沮丧悲观。他不仅自己感到快乐，也给别人带来快乐。

悲观的人总是背对着光明，其实只要他们愿意回头，就会看到，原来，阳光离自己是如此之近。希望悲观的人，都会像向日葵一样，总是面对光明的一面，积极乐观。

# 用乐观的心态笑看苦难

每个人都会经历过一些小的失意，有人遇到这些失意时，觉得一切都不尽如人意，忧郁不安，悲观自怜，结果更加失意，以致失去了幸福和欢乐。正确的做法是寻找产生沮丧悲观心理的原因，一旦找到并能作出答复，就可能幡然醒悟，得以解脱。

一个沮丧悲观的人老待在屋子里，便会产生禁锢的感觉。然而，当他离开屋子，漫步在林荫大道，就会发现心绪突然变了，怒气和沮丧也消失了，心中充满了宁静，自然的色彩给人带来阵阵快意。另外，体育锻炼有助于克服沮丧，经常参加体育锻炼会使人精神振奋，避免消极地生活下去。因此，转换自己的悲观情绪，其实并不难。

人类的所有行为，无论乐观，还是悲观，都是"学"得的。因而悲观者的悲观性格，并非"命中注定"，而是"后天养成"的。悲观者可以力强而至，学成乐观。那么，哪些办法能帮助我们正确地克服悲观性格所带来的负面影响呢？当我们遭遇到失败或挫折而沮丧时，不妨试试下面这几招：

1. 越担惊受怕，就越遭灾祸。因此，一定要懂得积极心态所带来的力量，要相信希望和乐观能引导你走向胜利。

2. 即使处境危难，也要寻找积极因素。这样，你就不会放弃取得微小胜利的努力。你越乐观，克服困难的勇气就越会倍增。

3. 以幽默的态度来接受现实中的失败。有幽默感的人，能轻松地克服厄运，排除随之而来的倒霉念头。

4. 既不要被逆境困扰，也不要幻想出现奇迹，要脚踏实地、坚持不懈、全力以赴去争取胜利。

5. 不要把悲观作为保护你失望情绪的缓冲器。乐观是希望之花，能赐人以力量。

6. 当你失败时，你要想到你曾经多次获得过成功，这才是值得庆幸的。如果 10 个问题，你做对了 5 个，那么还是完全有理由庆祝一番，因为你已经成功地解决了 5 个问题。

7. 在闲暇时间，你要努力接近乐观的人，观察他们的行为。通过观察，你能培养起乐观的态度，乐观的火种会慢慢地在你内心点燃。

8. 要知道，悲观不是天生的。就像人类的其他态度一样，悲观不但可以减轻，而且通过努力能转变成一种新的态度——乐观。

9. 如果乐观态度使你成功地克服了困难，那么你就应该相信这样的结论：乐观是成功之源。

生活总是酸甜苦辣咸，百味俱全的。如何能够在不出色的生活中活出颜色，活出精彩，那就需要乐观向上的精神，需要笑对生活的勇气了。再苦的生活也要笑一笑，这样才能赢得幸运女神的青睐。

# 第七章

## 虚荣是被扭曲了的自尊心

# 虚荣会带来惨痛代价

虚荣心理就像一只默默地啃噬自己内心的小虫，悄无声息却让人格外痛苦难熬。而这些贪慕虚荣的人，也必然会为自己的行为付出一些代价。就好像下面这个寓言故事中的山鸡那样，最终，为自己的虚荣心付出了生命的惨重代价。

山鸡天生美丽，浑身都披着五颜六色的羽毛，在阳光的照耀下熠熠生辉、鲜艳夺目，叫人赞叹不已。山鸡也很为这身华羽而自豪，非常爱惜自己的美丽。它在山间散步的时候，只要来到水边，瞧见水中自己的影子，它就会翩翩起舞，一边跳舞一边骄傲地欣赏水中倒映出的自己那绝世无双的舞姿。

一位臣子将一只山鸡送给了君主，君主非常高兴，召唤有名的乐师吹起动人的曲子，山鸡却充耳不闻，既不唱也不跳。君主命人拿来美味的食物放在山鸡面前，山鸡连看都不看，无精打采地耷拉着脑袋走来走去。就这样，任凭大家想尽了办法，使尽了手段，始终都没办法逗得山鸡起舞。

这时，一名聪明的臣子叫人搬来一面大镜子放在山鸡面前，山鸡慢悠悠地踱到镜子跟前，一眼看到了自己无与伦比的丽影，比在水中看到的还要清晰得多。它先是拍打着翅膀冲着镜子里的自己激动地鸣叫了半天，然后就扭动身体，舒展步伐，翩翩起舞了。

山鸡迷人的舞姿让君主看得呆了，连连击掌，赞叹不已，以至于忘了叫人把镜子抬走。可怜的山鸡，对影自赏，不知疲倦，无休无止地在镜子前拼命地又唱又跳。最后，它终于耗尽了最后一点力气，倒在地上死去了。

顾影自怜的山鸡并没有找到自己的真正价值所在，它在强烈的虚荣心的驱使下迷失了自我，当它追求着错误的东西并且沉迷其中时，就渐渐地从虚荣走向了炫耀，以至于丧失了理智，并为此付出了惨重的代价。

虚荣心会使一个人失去心灵的自由，常常使人觉得没有安全感、不满足，与其在虚荣心的驱使下追求鹤立鸡群、脱颖而出的满足，不如回归本我，于宁静的心灵世界中寻求知足的幸福。

从近处看，虚荣仿佛是一种聪明；从长远看，虚荣实际是一种愚蠢。虚荣者常有小狡黠，却缺乏大智慧。虚荣的人不一定少机敏，却一定缺远见。

就好像上面故事中的那只山鸡，为了赢得他人的掌声，便付出生命的代价实在是不值得。通过炫耀、显示来满足自己的虚荣心，这样的做法实在不妥。

千万要克制自己的虚荣心，不要让它像小虫一样，啃噬着自己的内心营养，最后越长越大，难以控制。

# 别让虚荣主宰你的命运

生活中讲面子的心理让许多人变得虚荣，虚荣是一种可以理解的心理，虚荣是人的本性，每个人都暗暗为自己的优点得意，并希望别人注意和赞美自己的优点。

人人都爱面子，尤其是青少年，他们在人生的成长初期阶段，有着十分敏感的神经，适度的虚荣不但不会对他们造成损害，反而会催促他们上进。

例如他们会为了有面子而发奋学习，拿出好成绩让自己在亲朋好友面前受到夸赞，可是有的青少年会因为羡慕别人的玩具、名贵服装也去为自己添置这些不需要的东西，给自己增添不必要的负担，那么，如何为自己的虚荣做主，全在于青少年自己决定。

家境贫寒的莉莉刚刚步入社会，为了追求时髦，不惜借钱购买高档衣服，还借钱买了项链、戒指来炫耀自己。周围人羡慕地夸奖她有钱，她只说是爸爸妈妈帮她买的。直到有一天门口堵满了要债的人，周围的人才明白过来是怎么回事儿。从此，大家都躲着她走，她也为此陷入了苦恼之中。

虚荣心是一种常见的心态。像案例中的莉莉这样，因为虚荣而把握不住正确的方向，从而误入歧途的大有人在。在心理学上，虚荣心被认为是自尊心的过分表现，是为了取得荣誉和引起普遍注意而表现出来的一种不正常的社会情感。

虚荣心很强的人往往是华而不实的浮躁之人。这种人在物质上讲排场、搞攀比；在社交上好出风头；在人格上很自负、嫉妒心重。

虚荣心最大的后遗症之一是促使一个人失去免于恐惧、免于匮乏的自由；因为害怕羞辱，所以不定时地活在恐惧中，经常没有安全感、不满足；而虚荣心强的人，与其说是为了脱颖而出、鹤立鸡群，不如说是自以为出类拔萃，所以不惜玩弄欺骗、诡诈的手段，使虚荣心得到最大的满足。

虚荣心强的人，心灵总会是痛苦的，完全不会有幸福可言。为了虚荣舍弃幸福，这岂不是很愚蠢！所以，一个聪明的人就要学会克服自己的虚荣心理。

要认识虚荣心的危害。要克服个人主义的私心，还有就是培养脚踏实地、实事求是的思想作风。

过于虚荣的人往往缺乏脚踏实地的思想作风和工作作风、情绪不稳，能满足虚荣心时就有很高的热情，一旦虚荣心得不到满足，情绪就会一落千丈。因此，要克服虚荣心，还要从实际出发，踏实工作，培养锻炼自己的真才实学和良好的心理品质。

## 摆脱虚荣的奴役

虚荣是陷阱的伪装，有人没有看到虚荣下的陷阱，便一脚踏了上去，掉入陷阱后才后悔不堪，但已经晚了。

我们要坚定自己的生活，而不是去为别人的生活所累。生活就是这样，你可以选择在属于你自己的空间里自由翱翔。任何爱慕虚荣、幻想在别人的世界里得到幸福的人，永远找不回自己真正的生活，也就是将被生活的浪涛淘汰。

青少年如何能够摆脱虚荣的奴役呢？

1. 在生活中要把握好攀比的尺度。比较是人们常有的社会心理，但要把握好攀比的方向、范围与程度。从方向上讲，要多立足于社会价值而不是个人价值的比较，如比一比个人在学校和单位的地位、作用与贡献，而不是只看到个人工资收入、待遇的高低；从范围上讲，要立足于健康的而不是病态的比较，要比成绩、比干劲、比投入，而不是贪图虚名、嫉妒他人、表现自己。

2. 重视榜样的力量。从名人传记、名人名言中，从现实生活中，寻找榜样，努力完善人格，做一个"实事求是、不自以为是"的人。

3. 做自己，不要受制于别人的评价。别人的议论、他人的优越条件，都不应当是影响自己进步的外因，决定需要的是自己的努力。只有这样的自信和自强，才不会被虚荣心驱使，才能成为一个高尚的人。不要在意别人的议论，别人说你个子矮，你没必要非要穿增高鞋掩饰自己，别人说你穿着寒酸，你也不必非要用名牌把自己包装起来。要相信自己总有优点，不必为别人的议论乱了自己方寸，掉进虚荣陷阱里。

# 第八章

## 此路不通，何必一直走到黑

# 莫被执着煎熬成偏执狂

有时不切实际地一味执着，是一种愚昧与无知，而放弃是一种智慧。

很多人，总是希望有所得，以为拥有的东西越多，自己就会越快乐。

所以，这一人之常情就迫使我们沿着追寻获得的路走下去。可是，有一天，我们忽然惊觉：我们的忧郁、无聊、困惑、无奈以及一切的不快乐，都和我们的要求有关，我们之所以不快乐，是我们渴望拥有的东西太多了；或者，太执着了，不知不觉，我们已经执迷于某个事物上了。

有一个大学生，爱上了他的一个女教师。这个女教师虽说才只有30来岁，可结婚已经两年了。所以，这个学生对她的爱，应该说，无论如何是没有指望的。可是，这个学生十分执着于自己的这种所谓爱情，不顾一切地追求这位女教师，又写情书，又送鲜花，还跑到她家里去，弄得她十分恼怒。后来女老师的丈夫知道了，狠狠教训了他一通。可是，他还是不知回头，依然写情书、送鲜花，痴情不断，执着得像个不怕牺牲的斗士，一直闹到神经错乱，被送进精神病院为止。

这个大学生的这种执着，就是一种死钻牛角尖的偏执。

做人要有原则，但同时要有变通的能力。很多年轻人都过于看重原则，总是坚持要有"自己的个性"，却忽视了他人的建议，最终走上了偏执的道路。

偏执就是把自己的偏见当成至理名言，从而误入狂妄的陷阱，让自己成为一个"自我崇拜"的人，听不进别人的意见。其实，人生是一个取舍的过程，其中有很多事情需要"半途而废"，随时调整自己，找到更好的前进方向。懂得变通，不钻牛角尖，不一条道走到黑，随时随地接纳更好的观点和方式，也是人生应该掌握的智慧。

在人生的每一个关键时刻，应审慎地运用智慧，作最正确的选择，同时别忘了及时审视选择的角度，适时调整。要学会从各个不同的角度全面研究问题，放弃掉无谓的固执，冷静地用开放的心胸作正确抉择。

成功者的秘诀是随时审视自己的选择是否有偏差，合理地调整目标，适时地放弃，轻松地走向成功。

## 出手是选择，放手是智慧

一棵树如果想要长得更高，就要抛弃枯枝，才能长出绿叶。那么同样作为一个人，如果想要发展得更好，就要抛弃那些不必要的东西，而抓住主要的东西。不要总想着什么都握在手里，这样的偏执会最终让什么都失去。

小兰很爱她的丈夫，三年前，当她的丈夫还是一个普通职员的时候，腰间仅有一台寻呼机。那时候，为了拼出一个好的前程，他忙得经常顾不上回家，而小兰，每天一下班就打寻呼要他回来，生怕他在外面学坏了。

久而久之，他的同事都笑称他带着一台"寻夫机"，弄得他很尴尬，回家就冲小兰发火："整天 Call 我，你烦不烦啊？"

一听这话，小兰的委屈如潮水一般涌上来：烦不烦——我当然烦了——正是因为关心你、爱你、害怕失去你，我才这样频频保持与你的联系……久而久之，她与丈夫的感情便日渐疏远。

现在，丈夫已成为单位领导，深夜归宿早已成家常便饭。前不久的一天，很晚了他还没回来，小兰百无聊赖地倚在床头看书。忽然，一篇文章深深地吸引了她的目光——《放开他，并不等于失去他》，好奇心促使她读下去——有一个女孩，她很爱自己的恋人，生怕失去对方，因此无时无刻不监视着他，弄得他心烦意乱，提出要和她分手，这使她很伤心。

她的母亲是一个很有哲学家气质的人，听女儿诉说了自己的烦恼后，带她到了海边，捧起一捧沙子对女儿说："孩子，你看，我轻轻地捧着它们，它们会漏掉吗？"女儿看了一会儿，一粒沙子也没有从母亲手中滑落，就摇了摇头。接着，母亲说："我再用力抓紧它们，你看会漏掉吗？"说完，就用力去握沙子，奇怪的是，她握得越紧，沙子从指缝里漏得越多、越快。女儿忽然明白了：爱情和沙子一样，握得越紧，就越容易失去。

读到这里，小兰的心头豁然开朗：是啊，为什么一定要像握沙子一样握紧他呢？作为男人，他有自己的事业，有自己的天空，为什么不放开他，给他一定的自由呢？

正沉浸在往事里想得入神，外面传来开门的声音，小兰打开门，他一下怔住了："这么晚了，你还没睡？"

小兰俏皮地回答："你还没回来，我哪能睡着呢？"

他"噢"了一声先进了屋。过了一会儿，他问她："你为什么不骂我一顿？"

"为什么要骂你？"小兰反问。

他沉默了。

天亮前，他摇醒沉睡的小兰，说："小兰，我不得不告诉你，你感动了我——本来，我是打算与你离婚的，因为以前的你使我无法忍受。每天我回来这么晚，就是为了激你发火，让你和我大吵大闹，这样，我就可以下狠心离开你。可是，你以你无限的宽容使我认识到自己的渺小与卑鄙——明天，我就离开那个你不知道的'她'……"

望着他沉痛忏悔的表情，小兰也忽然明白：放开他，真的不等于失去他。

生活并不是一帆风顺的，很多时候我们需要学会放手。放手不代表对生活的失职，这就是人生中的契机。做人不能太偏执，有时候适当的放手也会成全自己的一种幸福。

# 从牛角尖里钻出来

要想在人生的风浪中继续前进，就要学会放弃，如果一味地坚持什么都不松手，最后可能就是什么都无法得到的结局。

有时候，钻牛角尖并不能为自己带来出路，反而是退后一步，转向另一个方向，才是真正的出路。

有一个小测试：在一个暴风雨的夜里，你驾车经过一个车站。车站有三个人在等车，其中一个是病得快死的老妇人，一个是曾经救过你的医生，还有一个是你长久以来的梦中情人。如果你只能带其中一个走，你会选择哪一个？

很多人都只选了其中唯一的选项，但最好的答案是："把车钥匙给医生，让医生带老人去医院；然后我和我的梦中情人一起等车。"

读完这个故事，相信每个曾经偏执的人都会开始改变自己的想法。思想上的调整与认识以一种良好的心境为前提，才能有效果，因此，我们可以用各种方法让自己的心灵宁静下来。青少年不妨学习一下如何才能让自己走出偏执的误区。

1. 作出决定之前，先和别人商量，参考别人的意见。

2. 细心听取他人的意见，仔细思考，对自己作出反思。

3. 把握机遇，不要一条道走到黑。

# 第九章

## 自私是膨胀的个人主义

# 自私就是自毁

为保护自己，人总是筑起一道特别的"篱笆墙"。结果，别人走不进来，自己也走不出去，这道无形的篱笆墙就是自私。可想而知，自私这面墙只会让自己阳光明媚的世界日益荒芜。凡自私的人，都有这样的病态心理："他人即地狱""只扫各人门前雪，哪管他人瓦上霜"、"事不关己，高高挂起""有权不用，过期作废""利人者是傻子，利己者是聪明人""人不为己，天诛地灭"，这些心态逐渐变成了一种流行的畸形心态。事实一再证明，自私的人是没有好结局的，从某种意义上来说，自私就是自毁，自私者到最后只能独自吞食恶果。

从前，有两位很虔诚、很要好的教徒，决定一起到遥远的圣山朝圣。两人背上行囊，风尘仆仆地上路，誓言不达圣山，绝不返家。

两位教徒走啊走，走了两个多星期之后，遇见一位白发年长的圣者。圣者看到这两位如此虔诚的教徒千里迢迢要前往圣山朝圣，就十分感动地告诉他们："从这里距离圣山还有十天的脚程，但是很遗憾，我在这十字路口就要和你们分手了。而在分手前，我要送给你们一个礼物！什么礼物呢？就是你们当中一个人先许愿，他的愿望一定会马上实现；而第二个人，就可以得到那愿望的两倍！"

此时，其中一教徒心里想："这太棒了，我已经知道我想要许什么愿，但我不要先讲，因为如果我先许愿，我就吃亏了，他就可以有双倍的礼物！不行！"另一教徒也自忖："我怎么可以先讲，让我的朋友获得加倍的礼物呢？"于是，两位教徒开始客气起来，"你先讲嘛！""你比较年长，你先许愿吧！""不，应该你先许愿！"两位教徒彼此推来推去。"客套地"推辞一番后，两人就开始不耐烦起来，气氛也变了。"你干吗？你先讲啊！""为什么我先讲？我才不要呢！"

两人推到最后，其中一人生气了，大声说道："喂，你真是个不识相、不知好歹的人，你再不许愿的话，我就把你的狗腿打断、把你掐死！"

另外一人一听，没有想到他的朋友居然变脸，竟然来恐吓自己，于是想：你这么无情无义，我也不必对你有情有义！我没办法得到的东西，你也休想得到！于是，这一教徒干脆把心一横，狠心地说道："好，我先许愿！我希望——我的一只眼睛瞎掉！"

很快，这位教徒的一只眼睛马上瞎掉，而与他同行的朋友，两个眼睛也立刻瞎掉了！

原本这是一件十分美好的礼物，可以使两位好朋友共享，但是人的狭隘、自私，左右了自己心中的情绪，所以使得"祝福"变成"诅咒"，使"好友"变成"仇敌"，更是让原来可以"双赢"的事，变成两人瞎三眼的"双输"！

古罗马哲学家卢克莱修说："自私是人类的一种本性，高尚者和卑劣者的区别在于：前者能够克制这种本性而代之以无私的给予，后者则任其恣意妄为。"

自私是一种极端利己的心理，自私的人不顾他人和社会的利益，只计较个人得失，不讲公德；更有甚者会为私欲铤而走险，最后受到法律的制裁，自私也是诱发贪婪、嫉妒、报复等病态心理的根源。所以，青少年朋友必须纠正这种病态心理。

## 帮助别人等于帮助自己

俗话说："人不为己，天诛地灭。"这句话成了自私的最好借口。人虽然不全是为别人而生存，但也绝不是只为自己。如果人一味地争取最有利于自己的东西，往往事与愿违。

一名很恶很恶的农妇死了，她生前没有做过一件善事，鬼把她抓去，扔在火海里，守护她的天使站在那儿，心想：我得想出她的一件善行，好去对上帝说话。

他想啊想，终于回忆起来，就对上帝说："她曾在菜园里拔过一根绳，施舍给一个女乞丐。"上帝说："你就拿那根绳，到火海边去伸给她，让她抓住，拉她上来。如果能把她从火海里拉上来，就让她到天堂去。如果绳断了，那女人就只好留在火海里，像现在一样。"

天使跑到农妇那里，把一根绳伸给她，对她说："喂，女人，你抓住了，等我拉你上来。"他开始小心地拉她，差一点就拉上来了。

火海里别的罪人也想上来，女人用脚踢他们，说："人家在拉我，不是拉你们；那是我的绳，不是你们的。"

她刚说完这句话，绳就断了，女人再度掉进火海，天使只好哭泣着走了。

农妇后来才知道，这绳其实是可以拉许多人的，上帝想借此再度考验一下她，但她没有经受住这种考验。

生活中，有很多只为自己活着的人，他们不肯为别人的生活提供便利，更不肯为别人放弃自己的一点点利益，像这样的人，别人也一定不会愿意为他提供便利。我们生活在一个联系越来越紧密的世界里，有时候帮助别人就是在帮助自己，任何人都无法孤立地生活，自私的人，最后一定会因为自己的自私而受到伤害。

每个人都有自私的一面，这是人天性中的缺陷，但这种缺陷不是无药可救的，我们应该时刻想着：自己对别人的态度，就是别人对自己的态度，如果我们因为自私而抛弃别人，那别人也一定会抛弃我们！

# 克制自私的心理

自私之心是万恶之源，贪婪、嫉妒、报复、吝啬、虚荣等病态社会心理从根本上讲都是自私的表现。我们应充分发挥个人的主观能动性予以克服。自私心理的自我调适有如下方法：

1. 经常进行自我反省。自私常常是一种下意识的心理倾向，要克服自私心理，就要经常对自己的心态与行为进行自我观察。

观察时要有一定的客观标准，即社会公德与社会规范。要向一些正直无私的人学习，在英雄与楷模动人的事迹中净化自己的心灵。

2. 多做一些献爱心的事情。一个想要克服自私心态的人，不妨多做些利他行为。例如关心和帮助他人，给慈善机构捐款，为他人排忧解难等。私心很重的人，可以从让座、借东西给他人这些小事情做起，多做好事，可在行为中纠正过去那些不正常的心态，从他人的赞许中得到乐趣，使自己的灵魂得到净化。

3. 多为别人着想。自私的人总是有很强的占有欲，独占，被自私者认为是最明智的选择。然而，令人感到可悲的是，原本就没人和他抢，是他自己的思想在作怪。当自己有蛋糕时，懂得与别人分享，当别人有困难时，懂得善待他人，都不是很复杂、很困难的事，有时候只不过是举手之劳，不仅能轻松地一起分享喜悦，给别人力量，还能使自己在精神上得到满足，何乐而不为呢？反之，不懂得与别人分享，不懂得帮助别人的自私者，必会被别人抛弃，当自己有困难时难免"百呼无应"。

4. 回避性训练。这是心理学上以操作性反射原理为基础，以负强化为手段而进行的一种训练方法。通俗地说，凡下决心改正自私心理的人，只要意识到自私的念头或行为，就可用缚在手腕上的皮筋弹击自己，从痛觉中意识到自私是不好的，促使自己纠正。

5. 学会节制。私欲这种东西，能否连根铲除呢？不能。世界上还没有这种一劳永逸的良方。如何防止私欲的发作呢？有人说，只能节制。苏东坡给自己立下一条规矩："苟非吾之所有，虽一毫而莫取。"他给自己订下明确的原则：君子爱财，取之有道。不义之财，分文不取。有了这一条，对遏制自己自私心理较为有效。

# 第十章

## 拖延是偷窃时间的贼

# 明日何其多

生命很快就过去了，一个时机从不会出现两次，必须当机立断，不然就永远别要。理想和现实并不遥远。如果下定决心立刻去做，就能抓住机会让希望实现。

拖延不仅无助于问题的解决，而且会让问题变得越来越糟。那些遇事拖延的人只会让自己处处陷入被动，即便是机会到了面前，他们也抓不住。总把希望寄托在明天，而不懂得活在当下，抓住当下，明日也终究会成为蹉跎。

从前，鸡和鹰在一起生活。

有一天，老鹰说："咱们俩飞上天吧，天空非常美丽，可以看到地上的一切，那有多好哇！"

"我连十步远的地方都飞不了，怎能飞上天呢？"鸡胆怯地说。

"这是因为我们的翅膀还不硬。俗话说，'百炼成钢'，只要咱们好好练，一定能飞上天空。"老鹰还是鼓励鸡说。

这样，鸡和鹰在一起练习飞翔。鸡又懒惰又没有毅力，稍微一累，就蹲在那里不动了。而老鹰，不怕苦不怕累，只要飞到空中，就不轻易下来。它在空中对鸡说："快练吧！天空可美啦，咱们俩一块儿飞翔吧！"

鸡抬头看着老鹰在空中练习飞翔，心想，唉！老鹰飞上去啦！我要是有本事，我也像它一样飞到天空中，于是说道："我也要飞上去！不过，今天我累啦，明天再练！"

到了明天，它又说："我累啦，明天一定好好练！"

它总是"明天明天"地不肯下苦功夫练习，因此，直到现在它还是飞不到空中去。从此，鸡和鹰分开了，一个在地上，一个在天上。

我们也总想偷懒，总想把今天的工作留到明天做。但是"明日复明日，明日何其多"，明日终成为蹉跎。今天该付出的没有付出，今天该努力的也没有努力，到了明天，也只能望空长叹：我何时才能在空中翱翔呢？也许是明天吧。

除了故事中的鸡是这样，现实生活中的人也是如此。人们总是因为拖延而失去更多的机遇。可是明知道这个道理，却仍然犯有同样的错误，就是因为他们的心理惰性，是因为他们还不明白这样一个道理：心情愉快或热情高涨时，很多事情便可以轻松完成。

当机立断常常可以避免做事情的乏味和无趣。拖延则通常意味着逃避，其结果往往就是不了了之。做事情就像春天播种一样，如果没有在适当的季节行动，以后就不可能有所收获。无论夏天有多长，也无法将春天被耽搁的事情加以完成。某颗星的运转即使仅仅晚了一秒，也会使整个宇宙陷入混乱，后果不可想象。

## 只在沙滩上沉思，永远也得不到珍珠

拖延是阻碍人们成功的温床，人们长时期躺在这张温床上，会滋生懒惰、逃避等不良情绪。只有离开拖延这张温床，人们才能更接近成功。

查尔斯是一个打猎爱好者，他最喜欢的生活是带着钓鱼竿和猎枪步行五十里到森林里，过几天以后再回来，筋疲力尽、满身污泥，却快乐无比。

这一嗜好唯一不便的是，他是个保险推销员，打猎钓鱼太花时间。有一天，当他依依不舍地离开心爱的鲈鱼湖，准备打道回府时，突发异想：在这荒山野地里会不会也有居民需要保险？这样我不就可以在户外逍遥的同时工作了吗？

结果他发现果真有这种人：他们是阿拉斯加铁路公司的员工。他们散居在沿线五十里各段路轨的附近。可不可以沿铁路向这些铁路工作人员、猎人和淘金者拉保呢?

查尔斯就在想到这个主意的当天开始积极计划。他向一个旅行社打听清楚以后,就开始整理行装。他不肯停下来,因为怕恐惧乘虚而入,自己吓自己会使以后的主意变得荒唐,以为它可能失败。他也不左思右想找借口,而只是搭上船直接前往阿拉斯加。

查尔斯沿着铁路沿线开始了他的工作。很快他就成为那些与世隔绝的家庭最受欢迎的人,不只因为没有人跟他们打交道,他却前来拉保;还因为他代表了外面的世界。不但如此,他还学会理发,替当地人免费服务。并且他无师自通地学会了烹饪,由于那些单身汉吃厌了罐头食品和腌肉,他的手艺自然使他变成了最受欢迎的贵客。

同时,他正在做自己最想做的事,徜徉于山野之间、打猎、钓鱼,过着自己想要的生活。

等待与拖延是成功的死敌。绝不拖延是一种好习惯,有了这样的习惯,无论做任何事都会变得更易成功,因为你不再会因为各种原因偷懒,也不会因为拖延而错失良机。一旦决定下来的事,就要立刻着手进行,不要拖延,不要等以后再做。

今日想到就立刻付诸行动,努力做到,一定不要拖延,因为明日还有新的计划和新的事情。那些在事业上成功的杰出人士总能够克服一般人都会具有的拖延,因为他们知道时间的易逝、时间的可贵,所以,对于时间,他们总是像对待生命那样珍惜。

命运无常,良机难在。成功人士的聪明之处就在于,每当有某种天才的、美妙的设想出现在心里的时候,他们绝不会拖延,而是抓住机会,动手去做。

# 从拖延者变成行动派

我们每个人骨子里都有个坏毛病,喜欢搁着今天的事不做,而想留待明天再做，而在拖延中所耗去的时间、精力，实际上已经足够将那件事做好。

对一位成功者而言，拖延也许是最具破坏性，也是最危险的恶习，它使你丧失了主动的进取心。一旦开始遇事拖拉，你就很容易再次拖延，直到它们变成一种根深蒂固的恶习。拖延会让生命大打折扣，而且它具有积累性。想要克服这个坏习惯，必须随时准备行动，因为只有你的行为，才能决定你的价值。

对付拖延、靠近成功的办法，青少年可以试试以下几种措施：

1. 确定一项任务是否非做不可。让自己明白这项事情的重要性，这样就会时刻提醒自己及早完成，而不去拖沓。

2. 确定好处与优势，立即行动起来。看清楚所要做的事情有何优势和劣势，这样才能更合理地安排时间，不会让自己最后因为手忙脚乱而不去做这件事情。

3. 养成好习惯。养成当日事情当日做的好习惯。

拖延是一种疾病，对那些深受拖延之苦的人来说，唯一的办法就是作出果断的行动。否则，这一疾病将成为摧毁胜利和成就的致命武器。通常来说，爱拖延的人就是失败的人。

# 第十一章
## 虚伪的真诚，比魔鬼更可怕

## 避开披着羊皮的狼

1969 年，美国著名的心理学家约翰·安德森在一张表格中列出了 500 多个描写人的形容词，他邀请近 6000 名大学生挑选出他们所喜欢的做人品质。调查结果表明，大学生们对做人品质最高评价的形容词是"真诚"。在 8 个评价最高的候选词语中，其中 6 个和真诚有相同的内容，它们是：真诚的、诚实的、忠实的、真实的、信得过的和可靠的。大学生们对做人品质给以最低评价的词是"虚伪"。在 5 个评价最低的候选词语中，其中有 4 个和虚伪有关，它们是：说谎、做作、装假、不老实。约翰·安德森这个调查研究结果在人际交往中具有普遍意义。

生活中，你或许看到每个人都面带微笑向你走来，那面孔无论是熟悉还是陌生；看到相遇的双方，相互拍肩问候，溢美之词不绝于耳，无论是故友还是初识；看到请求帮助时，对方捶胸顿足、信誓旦旦地承诺。这样，在人际交往中，你以不设防的真诚向朋友敞开心扉。然而，当你在人生路上栽了跟头，才发觉那微笑原来并非发自内心，那问候和赞美背后深藏着陷阱。这便是生活的复杂性，它向我们展示了一幅人心难测的图画。于是，辨识朋友真伪、提防落入他人陷阱就成为交友活动中不可或缺的一部分，甚至是首要前提。

夕阳西下，彩霞满天。山坡上的一群羊已经回家，只有一只公羊还在那里玩着，可能是初夏的晚景太美了，玩得高兴而忘了回去的时间。一只狼突然从树林里窜出来，扑向羊。这羊也不示弱，勇敢地跳起来，用角拼命抵抗。战斗越来越激烈，狼怒吼着，羊也嘶鸣着。但狼毕竟是太凶猛了，羊不能敌，它越来越吃力了，只得向邻居们发出求救声。

牲畜们都在向家里走去。听到求救声，牛从树丛间向这个地方望了望，发现是狼，便翘起尾巴，扬起四蹄，奔下山去。马低头一看，发现是狼，也一溜烟地跑向村子。驴停下脚步，发现是狼，悄悄地溜下山坡。猪经过这里，发现是狼，身子一扳，冲下山坡。兔子经过这里，发现是狼，箭一般地逃进村子……

山下的茅屋门前，一条狗听见羊的呼唤，急忙奔向山坡——比疾风还快，从深草丛中一跃而出，以迅雷不及掩耳之势咬住了狼的脖子。狼疼得直叫唤，趁狗换气时，仓皇逃向森林……狗扶着羊走回家来。

第二天，羊正靠在屋子一侧的墙边养伤。周围挤满了前来探望的邻居。牛说："你怎么不告诉我？我的角足可以剜出狼的肚肠！"马说："你怎么不告诉我？我的蹄子可以叫狼粉身碎骨！"驴说："你怎么不告诉我？我一声吼叫，就会把狼吓得魂飞魄散！"猪说："你怎么不告诉我？我一嘴拱去，可以叫狼摔到岩下！"兔子说："你怎么不告诉我？我跑得最快，可以叫人来援救！"……

在这闹闹嚷嚷的一群中，唯独没有狗。

人若分为三类，可以分为：君子、小人和伪君子。君子可交，小人可敌，唯独伪君子不易辨识。因为他们常常以朋友的面目出现，却在你遇到困难时弃你于不顾。在你摆脱困境时，他们又会蜂拥而至，为你送来"真诚的"祝福，可能还会埋怨几句：有困难怎么不找老朋友我啊？生活中，这样的人不帮助别人，但还想让别人觉得自己好，常常扮出假惺惺的样子来，所以，我们一定要识别这样的伪君子，尽量避开与其交往，否则被人陷害还不知道所以然。

## 虚伪的泪伤害朋友，虚伪的笑伤害自己

做人不可失去威信，交友不可失去信任，这是朋友之间的交往准则。

诚实是做人的基本品质，是人们相互信赖和友好交往的基石。每个人都喜欢同诚实正派的人打交道，因为这样可使自己有安全感，不必心存疑虑。

为人诚实表现在与朋友交往中，就是以诚相待，说实话、办实事、做老实人，对朋友不可虚情假意，也不可口是心非，切忌对朋友施小心眼，要小聪明。

为人诚实，就是要诚实地对待朋友，当朋友真诚地与你交往，关心你、爱护你的时候，要以同样的真诚，甚至更多真诚的言行去回报朋友。滴水之恩，当以涌泉相报，这样以心换心，朋友之间的友情必然是根深叶茂。

公元前4世纪，意大利国王把一个年轻人判处绞刑。年轻人在临刑之前，希望能与远在百里之外的母亲见最后一面。国王准许了，但要求他必须找一个人来替他坐牢。这是一个苛刻的条件。假如他一去不返怎么办？谁也不愿意冒着被杀头的危险来干这件蠢事。这时，他的好朋友表示愿意替换坐牢，好让他回家与母亲相见。

好朋友住进牢房以后，年轻人就赶回家与母亲诀别。日子如水一样流逝，眼看刑期在即，年轻人却音信全无。人们一时间议论纷纷，都说好朋友上了年轻人的当。

行刑那天，因为年轻人没有如期归来，只好由好朋友替死。当好朋友被押赴刑场时，围观的人都笑他是个傻瓜，也有人对他产生了同情，更多的人却是幸灾乐祸。但刑车上的好朋友，不但面无惧色，反而有一种慷慨赴死的豪情。追魂炮被点燃了，绞索已经挂在好朋友的脖子上。围观的人都在内心深处为他惋惜，并痛恨那个出卖朋友的年轻人。就在这时，年轻人骑着马赶回来了，他高声喊着："我回来了！我回来了！"这真是人世间最感人的一幕，年轻人迅速冲到好朋友的身边，他们紧紧地拥抱在一起。

国王知道了这件事，亲自赶到刑场，立即为年轻人松了绑，亲自赦免了他，并且重重地奖赏了他的好朋友。

诚信不需要语言，没有约定的诚信往往比有约定的诚信高出千倍。

诚信不是写在脸上的，也不是挂在嘴边的，而是要求你学会用一种对人、对己负责的态度去面对一切，这是一个追求成功的人必须具备的品质。当你失去了这种宝贵的品质和优势时，一切诡辩、小聪明到头来只是自己抽自己的嘴巴。

## 找回自己，卸下虚伪的面具

这是一则在哈佛教育学院无人不知的著名故事。

1998年11月9日，美国犹他州土尔市的一位小学校长——42岁的路克，在雪地里爬行1.6公里，历时3小时去上班，受到过路人和全校师生的热烈欢迎。原来，这学期初，为激励全校师生的读书热情，路克曾公开打赌：如果你们在11月9日前读书15万页，我将在9日那天爬行上班。

全校师生猛劲读书，连校办幼儿园大一点的孩子也参加了这一活动，终于在11月9日前读完了15万页书。有的学生打电话给校长："你爬不爬？说话算不算数？"也有人劝他："你已达到激励学生读书的目的，不要爬了。"可路克坚定地说："一诺千金，我一定爬着上班。"11月9日，与每天一样，路克于早晨7点离开家门，所不同的是他没有驾车，而是四肢着地，爬行上班。为了安全和不影响交通，他没在公路上爬，而在路边的草地上爬。过往汽车向他鸣笛致敬，有的学生索性和校长一起爬，新闻单位也派人前来采访。

经过3小时的爬行，路克磨破了5副手套，护膝也磨破了，但他终于到了学校，全校师生夹道欢迎自己心爱的校长。当路克从地上站起来时，孩子们蜂拥而上，抱他，吻他……

人无信则不立，这是千万年来永恒不变的做人之根本。古今中外的人无一不把守信看作一名君子必备的品质。为了实现许下的诺言，他们可以不惜一切代价，这就是人格魅力的闪现。

做人，无论在怎样的情况下，都应该真诚，不应当虚伪，这是每个人都明白的道理。可是我们生活中有很多不尽如人意的现象存在。当我们读了路克校长的故事后，我们只有不断地清理自己的心灵，让自己的内心深处多一些真诚，少一些虚伪，才能成为一个真正大度的人。

人生毕竟不是一场演出，不能仅用戴着面具的表演来搪塞。在与人交往时，应该以真面目示人，否则只能伤人又伤己。因此，虚伪者应注意自我调适，通常可以采用以下方法进行：

第一，遇事时和朋友换位思考，推己及人，仁爱待人，就可能得出不同的结论，改变已有的不正确做法，这样就会多一分理解，少一分对立。关键靠自己的一份诚心，要让别人看到你的诚意。

第二，鼓励自己表现真实的想法。如果自己的想法比较尖锐或者容易伤害别人，不妨用委婉的方式说出，如果不想说出来也不要勉强自己，可以保持沉默，但尽量不要欺骗他人，更不要为了取悦他人而说出虚假的赞美之词。

第三，建立成熟的自我观，拥有属于自己的对于世界和周围人的看法，不被他人的意见左右，也不屈从于他人的价值观。做人做事参照自己的标准，不勉强屈己服人。

# 第十二章

## 贪心不足蛇吞象

# 欲望无边

著名网络作家慕容雪村的作品《伊甸樱桃》一经发表，便引起广大读者的关注。小说讲述了一个青年人因偶然的机遇结识一位神秘人，得到一支名贵水笔，此后便不知不觉地堕入了"物质的陷阱"。在神秘人的教唆下，青年人生活在奢侈品之中，整日锦衣玉食、香车美女，灵魂遭到腐蚀，其良知也在物欲的诱惑下彻底消失……小说用真实的数据剑指"贪婪"，深刻揭示"贪婪是人性的恶习"这一主题。故事很玄幻，却耐人寻味。贪婪的人，被欲望牵引，欲望无边，贪婪无边。

现实生活中，我们常可听到人们用鄙夷不屑的口吻说出贪得无厌、贪心不足、贪婪成性等贬斥贪婪的词汇来。一般来说，人们所说的贪婪指的就是一个人对金钱和财富的强烈占有欲。所谓"人为财死，鸟为食亡"，说的就是这一点。

据说上帝在创造蜈蚣时，并没有为它造脚，但是它仍然爬得像蛇一样快。有一天，它看到羚羊、梅花鹿和其他有脚的动物都跑得比自己快，心里很不高兴，便嫉妒地说："哼！脚多，当然跑得快。"于是它向上帝祷告说："上帝啊，我希望拥有比其他动物更多的脚。"

上帝答应了蜈蚣的请求，他把好多好多的脚放在蜈蚣面前，任凭它自由取用。蜈蚣迫不及待地拿起这些脚，一只一只地往身体上粘，从头一直粘到尾，直到再也没有地方可粘了，它才依依不舍地停止。它心满意足地看着满是脚的躯体，心中暗暗窃喜："现在我可以像箭一样地飞出去了！"但是等它开始要跑时，才发觉自己完全无法控制这些脚。这些脚各走各的，它非得全神贯注，才能使一大堆脚顺利地往前走。这样一来它反而比以前走得慢了。

生活中又有多少青少年像蜈蚣那样贪婪？一批又一批人前赴后继地把自己绑上欲望的战车，纵然气喘吁吁也不歇脚。不断膨胀的物欲、交友、打扮、网游几乎占据了现代青少年全部的空间和时间，许多人每天忙着应付这些事情，几乎连吃饭、喝水、睡觉的时间都没有。

人不能没有欲望，不然就会失去前进的动力，但人不能贪婪，因为贪欲是个无底洞，你永远也填不满。现实生活中，到处都是诱惑，人的占有欲往往就这样被强烈地激发起来。

从本质上说，金钱仅仅是一个工具，当它摇身一变成为目的时，人类的苦难就降临了。因为此时人性中的贪婪被彻底激发起来，它开始牢牢地控制住你了。

在人类历史发展的过程中，贪婪完全可以说是人类最大的敌人。

## 为了得到而失去更多

人们常常将欲望和贪婪混为一谈。的确，欲望和贪婪有着不少共通点，但两者间实际上有着本质的区别。美国著名心理学家马斯洛将人类的需求分为几个层次，只有在低层次的需求得到满足后，才会产生新的欲望，而最高层次的自我实现是无止境的。这就是说，人的正常欲望应该随能力的提高而产生。比如，一个有能力的人想买一辆车是正当的欲望，还能促进汽车业的发展和经济的繁荣。但一个食不果腹的人想马上要一辆汽车，就属于贪婪。不切实际地想做自己根本做不到的事，会使欲望变为贪婪。

欲望推动人努力工作，而贪婪会使人犯罪。当你满足了基本生活需求之后想买车，你就为实现这一目标而努力工作，这都有利于整个社会。但如果是贪婪，每天只想迅速发财，往往会使人迷失生活的方向，甚至有可能导致自我毁灭。在现实生活中，有很多这样的例子：

事业有成的中年企业家，为了拥有更多的金钱没日没夜地工作，最终累出了不治之症；身处要职的政府官员，为了获取更高的权力，不惜行贿而走上犯罪道路；本性纯良的青少年，为了得到更多的零用钱，加入了某一盗窃团伙……

其实，生活本身就像一杯水，杯子的华丽与否显示了一个人的贫与富。但杯子里的水清澈透明，无色无味，对任何人都一样，接下来，你有权利加盐、加糖，只要你喜欢。

生活当中，很多人为了让自己的这杯水色香味俱佳而无休止地往里面添加各种各样的作料，诸如权力、地位、金钱……最终这杯水彻底失去了原本的清凉口感，变得苦涩难咽。

有一句名言说得好：即使你拥有整个世界，一天也只能吃三餐。贪婪并不可能让我们真正得到更多的东西，相反，贪欲越多，失去的也越多。

明代有位名叫刘之卿的人，在他写的《贤奕篇》里面有个"王婆酿酒"的寓言。

王婆以酿酒为生，有个道士常到她家借宿，一共喝了几百壶酒从没给过钱，王婆也不和他计较。这天，道士对王婆说："我喝你那么多酒，也没钱给你，就给你挖一口井吧。"井挖好后，里面涌出来的全是好酒。

王婆一下子发了大财，道士在云游四方后又回到王婆家，问她酒好不好。王婆回答道："酒倒是好，就是没有用来喂猪的酒糟。"道士听说，哈哈大笑，顺手在墙上写了一首打油诗："天高不算高，人心第一高。井水做酒卖，还道无酒糟。"写完便扬长而去，这以后那个井里再也不出酒了。

井里出酒，这已经满足了王婆卖酒的需求了，她仍希望井里既出酒又出酒糟，显然这是王婆不正当的欲望。于是欲望变成了贪婪，道士收回了法术惩罚了王婆。联系自己的生活，我们应该明白：为了更多的"得"而失去生命中很多更重要的东西，这样做是非常不值得的。

## 抵御诱惑，战胜贪婪

西方一位哲人曾说过："人的欲望是座火山，如不控制就会伤人害己。"贪欲是人成功路上的障碍，因为它会自动成长、膨胀，最后喷薄而出时，就会炸伤自己。

有一个年轻人常自言自语地说："我真想发财呀，如果我发了财，绝不做吝啬鬼。"一天，这位年轻人遇见了一个魔鬼。魔鬼说："好吧，我就让你发财吧，我会给你一个有魔力的钱袋。"

魔鬼又说："这钱袋里永远有一枚金币，是拿不完的。但是你要注意，在你觉得够了时，就要把钱袋扔掉，你才可以开始花钱。"魔鬼说完就不见了。

年轻人发现在他的身边真的有一个钱袋，里面装着一枚金币。年轻人把那枚金币拿出来，里面又有了一枚，于是年轻人不断地往外拿金币。年轻人一直拿了整整一个晚上，金币已有一大堆了。他想：这些钱已经够我用一辈子了。到了第二天，年轻人饿极了，他很想去买面包吃。但是在他花钱以前，必须先扔掉那个钱袋。于是年轻人拎着钱袋向河边走去，可是到了河边他舍不得扔，又转身回来了。年轻人又开始从钱袋里往外拿钱。每次当他想把钱袋扔掉之前，总觉得钱还不够多。

日子一天天过去了，他完全可以去买吃的、买房子、买最豪华的车子，可是，他对自己说："还是等钱再多一些吧。"年轻人就这样不吃不喝地往外拿金币，金币已经快堆满一屋子了，同时，他变得又瘦又弱，脸色蜡黄。他虚弱地说："我不能把钱袋扔掉，金币还在源源不断地出啊！"年轻人成了一个看起来极其衰老的人，但他还是用颤抖的手往外掏金币。最后，年轻人饿死在那堆金币旁。

贪是人性中的万恶之源，如同上面这个故事中的穷人，他本可以用所得的金币去买食物充饥，去买衣服御寒，去买房子立足安身，但他没有那样做，他的贪婪，他的永不满足，最终葬送掉了他的性命。

有时，人的私心、贪婪常常使人跌倒，重重地跌在自己"恶念"的祸害里。因此，青少年朋友要懂得如何控制自己的物欲，勿让贪婪的种子发芽。在这里，我们给出几点建议，希望对青少年朋友大有帮助。

1. "20" 问法。这是一种自我反思法，即自己在纸上连续写出 20 个 "我喜欢……" 写的时候不假思索，限时 20 秒钟。待全部写下后，再逐一分析哪些是合理的愿望，哪些是超出能力的过分的欲望，这样就可明确贪婪的对象与范围，最后对造成贪婪心理的原因与危害作较深层的分析。例如，有一个人在纸上连续写下 "我喜欢钱" "我喜欢很多的钱" "我喜欢自己是个有钱人" "我喜欢有许多财富" "我喜欢过有钱人的生活" ……写完之后，就要思考一下，自己对钱是否有一些过分的欲望，为什么许多举动都与钱有关。接着往下想，人的生活离不开钱，但这钱应来得正，不能取不义之财；钱是身外之物，生不能带来，死不能带走，贪婪之心最终会阻碍自己的发展。然后，分析自己是否有攀比、补偿、侥幸的心理，是不是缺乏正确的人生观、价值观。

2. 培养正确的判断力。一个有正确判断力的人，懂得什么是美、什么是丑；什么是善，什么是恶。相应地，他也就懂得了贪婪地去追求美与善，而尽可能地摒弃丑与恶。

3. 知足常乐。一个人对生活的期望不能过高。虽然谁都会有些需求与欲望，但这要与本人的能力及社会条件相符合。每个人的生活都有欢乐，也有失缺，不能攀比。俗话说 "人比人，气死人"，"尺有所短，寸有所长"，"家家有本难念的经"。心理调适的最好办法就是做到知足常乐，"知足" 便不会有非分之想，"常乐" 也就能保持心理平衡了。

4. 格言自警。利用格言警句时刻提醒自己、约束自己，不要过于贪婪。

# 第十三章

## 牢骚太盛防肠断

## 抱怨只会让人反感

电视剧《好想好想谈恋爱》中，女主人公谭艾琳和男朋友分手后，巨大的伤痛让她几乎崩溃，每天除了抱怨还是抱怨：

"我是他生命中唯一的一次爱情机会，他错失了，他以后再也没有机会了，他以为他的天底下有几个谭艾琳？他真是有眼无珠，他以后只有哭的份儿了，这就叫过了这村就没这店了，他肠子都得悔青了。"

"有的男人对我来说重如泰山，有的轻如鸿毛。伍岳峰就是鸿毛。我像扔个酒瓶似的把他彻底打碎了，他根本不懂女人，离开他是我的幸运和解脱，他将永远处处碰壁，对，碰壁，碰得头破血流。而我经过他的历练，炉火纯青，笑到最后的是我。他完蛋了，他会一蹶不振，追悔莫及，太好了。"

诸如此类的抱怨她几乎如同潮水般倾倒给身边的朋友，直到有一天，朋友实在忍受不住她的抱怨："你已经唠叨了一个星期了。说实话我听得已经有点儿头晕耳鸣了，再听下去我会疯掉的。"

生活中我们常常像谭艾琳一样，以为通过抱怨可以博得别人的同情与怜悯，就像鲁迅笔下的祥林嫂一样，不幸的事情在别人的耳朵里已经长茧，当初的同情也会渐渐消逝，甚至可能化成嘲笑，别人茶余饭后的笑柄。

当遇到不幸的事情时，过多的抱怨不仅令朋友厌烦，甚至影响自己的生活，失去的越来越多。因为当一个人开始抱怨时，他能想到的只是自己当初如何的不幸，才造成如今的结果，越想越伤心，越想越生气，当这种情绪不断蔓延的时候，根本没有心情去做别的事情。比如当抱怨自己的生活条件不佳，不仅不能为改善你的生活起到任何作用，反而影响到你为自己创造更好条件的机会和时间，如果将抱怨的时间用来努力想办法改善自己的生活条件的话，那么很可能当初和自己条件相当的人在 1 年之后仍然在抱怨，自己却已经在咖啡厅里悠闲地欣赏高雅的乐曲了。

我们常用"万事如意""一切顺利"等词语来表达祝福，但我们要清醒地认识到，那只是一个美好的祝愿而已，真正的生活不如意之事常常发生。

我们不可能保证事事顺心，但可以做到坦然面对，该放则放，不要把一些垃圾总堆在心里，把乌云总布在脸上，把牢骚总挂在嘴上，否则你自己会一直是个倒霉蛋，周围的朋友也会觉得你烦人。

## 少一分抱怨，多一分豁达

习惯抱怨的人有个共同特点，喜欢说"应该如此"。虽然嘴上不明说，但心中已暗念无数次。简单地说"应该如此"的意思是"事情理应如我所认为的那样发生"。他们事事要求公平，要求按照自己的意愿发展。一旦心中的需求没有得到满足，就有一种被作弄和被欺骗感，心中愤愤不平，于是各种抱怨出来了。

很多刚刚踏入社会的年轻人，无论思想还是为人处世，都有甚多不成熟的地方，又敏感异常。他们希望事事做到完美，人人都能赞许他。但当这种想法不能实现时，他们就很轻易地陷入不如意的境地，觉得自己是全世界最倒霉的人了。

也许，你并不确切地了解自己幸运与否。没关系，这儿有一份专家们的"全球报告"，来细细地对照一下吧：

如果我们将全世界的人口压缩成一个 100 人的村庄，那么这个村庄将有：

57 名亚洲人，21 名欧洲人，14 名美洲人和大洋洲人，8 名非洲人；

52 名女人和 48 名男人，30 名白人和 70 名非基督教徒，89 名异性恋和 11 名同性恋。

6 人拥有全村财富的 89%，而这 6 人均来自美国；80 人住房条件不好；70 人为文盲；50 人营养不良；1 人正在死亡；1 人正在出生；1 人拥有电脑；1 人（对，只有一人）拥有大学文凭。

如果我们从这种压缩的角度来认识世界，我们就能发现：

假如你的冰箱里有食物可吃，身上有衣可穿，有房可住，有床可睡，那么你比世界上 75% 的人更富有。

假如你在银行有存款，钱包里有现钞，口袋里有零钱，那么你属于世界上 8% 最幸运的人。

假如你父母双全没有离异，那你就是很稀有的地球人。

假如你今天早晨起床时身体健康，没有疾病，那么你比其他几千万人都幸运，他们甚至看不到下周的太阳。

假如你从未尝试过战争的危险、牢狱的孤独、酷刑的折磨和饥饿的煎熬，那么你的处境比其他 5 亿人更好。

假如你能随便进出教堂或寺庙而没有任何被恐吓、强暴和杀害的危险，那么你比其他 30 亿人更有运气。

假如你读了以上的文字，说明你就不属于 20 亿文盲中的一员，他们每天都在为不识字而痛苦……

看吧，我们原来这么幸运。只要肯用心去面对，用心去体会，我们当下拥有的，足以幸福一生了。

有人说，高处有月亮，但你的目标是苹果，就不必飞得很高。纵然你飞到一万米高空，那么你既摸不到月亮也看不见苹果。对月亮来说，一万米和地面没有区别，而对苹果来说，没有那么高的苹果树。所以，学会豁达一些，不要用"高标准"去为难自己，卸掉自己背负的沉重包袱，不再折磨自己。

# 减弱心中的负能量

有这样一幅画面：很多农民坐在田埂上，一边休息一边说话，顺手倒掉鞋里的沙子。沙子进到鞋里，可想而知干活时既磨脚也费力，所以要倒掉。道理相通，如果生活是一双鞋，抱怨如同沙子，每天不断地抱怨就等于往鞋里放沙子，使自己的行路更难、旅途更累。正如法国作家伏尔泰所说："使你疲倦的不是远方的高山，而是鞋里的沙子。"

有一个年轻的主妇向朋友抱怨自己的工作如此"单调乏味"。她举例说，她刚刚铺好床，床马上就被弄乱了；刚刚洗好碗碟，碗碟马上就被用脏了；刚刚擦净了地板，地板马上就被弄得乱七八糟。她说："你刚刚把这些事做好，马上就会被人弄得像是未曾做过一样。"她进一步抱怨道："再这样下去，我简直要发疯！"

抱怨是一种消极的行为方式，它表达的是消极信息。抱怨之后非但没有轻松、释怀，反而会使心情更加灰暗、更加抑郁、更加沉重，正如上文中的年轻主妇。

心理学研究表明，消极情绪会造成免疫力下降，时间长了容易生病。相反，积极情绪会提高人的免疫力。消极情绪就像黑暗，而积极情绪才是阳光。由此，当我们心生抱怨时，不妨从以下方面着手进行自我调适。

1. 转移注意力。停止对一件事情的抱怨的最好方法就是转移注意力。当心烦意乱时，我们可以把注意力转向事物好的方面，而且每当事情很顺利时要特别提醒自己：例如，今天天气这么好，我真是太有运气了！我住在一个空气清新的地方，真是运气太好了。迟早，你会感觉自己更幸运，从而不再觉得有什么应该抱怨的。

2. 对自己不要苛求。苛求自己的人无形中给自己增加压力。无论做什么，他总是将目标定得过高。当依靠自己的力量无法实现时，就会抱怨自己、抱怨别人。"为什么我这么没用""为什么他没有帮助我""为什么我的运气这么差"，一味地抱怨，情绪将越来越糟糕。所以，人要对自己多些宽容。

3. 保持一颗平常心，不被生活中的琐事困扰。有些人的抱怨常常来自生活中的琐碎之事，凡事斤斤计较，常常弄得自己疲惫不堪。对于这些琐事，我们还是置之不理为佳。一位哲人说得好："如果你被疯狗咬了，难道非要把咬你的疯狗也反咬一口吗？"所以，遇事要有一种平和的心态，这样生活才能更和谐。

# 第十四章

## 冲动时，魔鬼就在你身边

# 图一时之快，受一辈子的痛

大多数成功者，都是能够把情绪控制得收放自如的人。这时，情绪已经不仅仅是一种感情的表达，更是一种重要的生存智慧。如果控制不住自己的情绪，随心所欲，就可能带来严重后果。

1943年，第二次世界大战著名将领巴顿在去战后医院探访时，发现一名士兵蹲在帐篷附近的一个箱子上，显然没有受伤。巴顿问他为什么住院，他回答说："我觉得受不了了。"医生解释说他得了"急躁型中度精神病"，这是第三次住院了。巴顿听罢大怒，多少天积累起来的火气一下子发泄出来，他痛骂了那个士兵，用手套打士兵的脸，并大吼道："我绝不允许这样的胆小鬼躲藏在这里，他的行为已经损坏了我们的声誉！"第二次来，巴顿又见一名未受伤的士兵住在医院里，顿时变脸，问："什么病？"士兵哆嗦着答道："我有精神病，能听到炮弹飞过，但听不到它爆炸（炸弹休克症）。"巴顿勃然大怒，骂道："你个胆小鬼！"接着打他耳光："你是集团军的耻辱，你要马上回去参加战斗，但这太便宜你了，你应该被枪毙。"说着抽出手枪在他眼前晃动……很快，巴顿的行为传到艾森豪威尔耳中，艾森豪威尔说："看来巴顿已经达到顶峰了……"

狂躁易怒的性格，使本来很有前途的巴顿无法再进一步，面对有心理障碍的士兵，不是认真了解情况，加以鼓励，而是大打出手，完全失去了一个指挥官应有的风度修养，破坏了自己在人们心目中的形象，因此失去了攀上顶峰的机会。

遗憾之余，让人想起了一句话：性格决定命运。一个人的弱点总是在发脾气的过程中暴露出来的，它往往成为崩溃的前兆。所以，我们要学会控制自己的冲动。

每个人都有冲动的时候，尽管它是一种很难控制的情绪。但不管怎样，我们一定要牢牢控制住它。否则一点细小的疏忽，可能贻害无穷。

下面的情形更是生活中常见的冲动。

早晨八点是上班的高峰期，李明开车去上班，由于车流量很大，眼看就要迟到了。车龙好不容易向前移动了一点，可前面的司机偏偏像睡着了一样，丝毫不动弹。李明开始冒火了，拼命地按喇叭，可前面的司机依然不为所动。李明气极了，他握住方向盘的手开始发白，仿佛紧紧地卡住前面司机的脖子，额头开始冒汗，心跳加快，满脸怒容。真想冲上去把那个司机从车里扔出来！

他简直无法控制自己了，车还是停滞不前，他终于冲上前去，猛敲车门，结果前面的司机也不甘示弱，打开车门，冲了出来。就这样，一场恶斗在大街上开始了，结果李明打断了那个人的鼻梁骨，犯了故意伤害罪。等待他的将是法律的严惩，这下不仅没赶上上班时间，反而连工作也彻底丢了，这一切都是他的冲动造成的。

培根说："冲动，就像地雷，碰到任何东西都一同毁灭。"如果你不注意培养自己冷静理智、心平气和的性情，培养交往中必需的沉着，一旦碰到"导火线"就暴跳如雷、情绪失控，就会把你最好的人生全都炸掉，最后只会让自己陷入自戕的囹圄。

## 泰山崩于前而色不变

"泰山崩于前而色不变，麋鹿兴于左而目不瞬。"遇事镇定、冷静是一种良好的心理素质，不失为大家风范。东晋宰相谢安的镇定自若被世人广为流传，在强大的前秦兵临淝水时仍镇定自若，与客人下围棋。当他的侄子谢石、谢玄击退了秦军后，他平静地对客人说："孩儿们已破贼。"在危机发生的时刻，只有让自己保持头脑的清醒，才能够让自己在危急关头作出正确的决策，当机立断、付出行动，才能有效地处理问题。

阿加莎·克里斯蒂参加完一个宴会时已经很晚了，她笑着拦住要送她回家的朋友夫妇，独自一人匆匆上路了。这位英国女作家写过数十部长篇侦探小说，如《东方快车谋杀案》《尼罗河惨案》等，塑造了跟著名侦探福尔摩斯一样驰名全球的侦探赫尔克·波洛的形象。可是，谁会料到，这天晚上，她本人也遇到了抢劫。她独自一人走在行人稀少的大街上时，在一幢大楼的阴影处，一个高大的男子手持一把寒气逼人的尖刀，向阿加莎·克里斯蒂扑了过来。克里斯蒂知道逃走是不可能的，就索性站住，等那人冲上来。"你，你想要什么！"里克斯蒂显出一副极为害怕的样子问。"把你的耳环摘下来。"强盗倒也十分干脆。一听强盗说要耳环，阿加莎·克里斯蒂紧锁的眉头舒展了。只见她努力用大衣领子护住自己的脖子，同时，她用另一只手摘下自己的耳环，一下子把它们扔到地上，说："拿去吧！那么，现在我可以走了吗？"强盗看到她对耳环毫不在乎，只是力图用衣领遮掩住自己的脖子，显然，她的脖子上有一条值钱的项链。他没有弯下身子去捡地上的耳环，而是重新下达了命令："把你的项链给我！""噢，先生，它一点也不值钱，给我留下吧。""少废话，动作快点！"克里斯蒂用颤抖的手，极不情愿地摘下自己的项链。强盗一把抢过项链，飞也似的跑了。阿加莎·克里斯蒂深深地舒了口气，高兴地拾起刚才扔在地上的耳环。

原来，阿加莎·克里斯蒂保护项链是假，保护耳环是真，她刚才的表演只不过是为了把强盗的注意力从耳环上引开而已。因为，她的钻石耳环价值480英镑，而强盗抢走的项链，是玻璃制品，仅值6英镑。

危急关头，冲动不仅不能解决问题，反而会带来不必要的麻烦。唯有保持冷静的头脑，审时度势，寻找正确的方法，是获得成功的秘诀。青少年最易冲动，因此正是需要学习冷静的时候。

# 冲动时，学会自我克制

许多人特别是青少年情绪非常不稳，自制力较差，往往从理智上想自我锤炼、积极进取，但在感情和意志上控制不了自己。有人曾经对美国各监狱的数万名 20～30 岁犯人做过一项调查，发现了一个惊人的事实：这些不幸的男女犯人之所以沦落到监狱中，有 90% 是他们缺乏必要的自制。也就是说，他们做事过于冲动，缺少自我克制的能力。

一个冲动的人，在他作出冲动的举动之前是很欠考虑的，甚至都没有考虑过，而是凭一时的冲动先行动，最终导致严重的后果，后悔莫及，尤其是血气方刚的年轻人，最容易冲动，在事后又追悔莫及，因此，我们应该时刻提醒自己一定要改掉冲动的毛病。在此提供一些方法，希望对性格冲动的人改变自己的性格能有一定的帮助。

1. 自我分析，明确目标。一是对自己进行分析，找出自己在哪些活动中、何种环境中自制力差，然后拟出培养自制力的目标、步骤，有针对性地培养自己的自制力；二是对自己的欲望进行剖析，扬善去恶，抑制自己的某些不正当的欲望。

2. 提高动机水平。心理学的研究表明，一个人的认识水平和动机水平，会影响其自制力。一个成就动机强烈、人生目标远大的人，会自觉抵制各种诱惑，摆脱消极情绪的影响。无论他考虑任何问题，都着眼于事业的进取和长远的目标，从而获得一种控制自己的动力。

3. 从日常生活小事做起。人的自制力是在学习、生活工作中的无数小事中培养、锻炼起来的。许多事情虽然微不足道，却影响到一个人自制力的形成。如早上按时起床、严格遵守各种制度、按时完成学习计划等，都可积小成大，锻炼自己的自制力。

4. 绝不让步、迁就。培养自制力，要有毫不含糊的坚定和顽强。不论什么东西和事情，只要意识到它不对或不好，就要坚决克制，绝不让步和迁就。另外，对已经作出的决定，要坚定不移地付诸行动，绝不轻易改变和放弃。如果执行中决定半途而废，就会严重削弱自己的自制力。

5．进行自我暗示和激励。自制力在很大程度上就表现在自我暗示和激励等意念控制上。意念控制的方法有：在你从事紧张的活动之前，反复默念一些建立信心、给人以力量的话，或随身携带座右铭，时时提醒激励自己；在面临困境或遭遇危险时，利用口头命令，如"要沉着、冷静"，以组织自身的心理活动，获得精神力量。

6．进行松弛训练

研究表明，失去自我控制或自制力减弱，往往发生在紧张心理状态下。若此时进行些放松活动或按摩等，则可以提高自控水平。因为放松活动可以有意识地控制心跳加快、呼吸急促、肌肉紧张等状况，获得生理反馈信息，从而控制和调节自身的整个心理状态。

# 第十五章

## 侥幸是暂时的礼物，迟早要交还

# 常在河边走，哪能不湿鞋

　　一头驴子和一头牛关系十分好。它们经常在一起玩耍，吃草。一天，它们发现一个农夫的果园，果园里有绿油油的青草，还有成熟的果子。于是它们偷偷地进入果园，在里面悠闲地吃着青草和树上的果子。

　　而园丁一点也没有察觉。驴子吃饱之后，很想引吭高歌一曲，牛就对驴子说："亲爱的朋友，看在上帝的分上，你就忍耐一下，等我们出了果园，你再唱歌吧！"

　　驴子说："我现在真的很想唱歌，作为朋友，你应当支持我才对！"

　　"可是，可是，要是你一唱歌的话，园丁就会发觉，我们就跑不掉了！"

　　驴子觉得牛根本不能理解自己现在的心情，它说："我非常想唱歌，而且园丁怎么会那么巧就发现我在唱歌呢？"

　　牛摇摇头："不怕一万，就怕万一啊，万一园丁来了，我们可就惨了。"

　　"天下再也没有什么比音乐和歌曲更优雅、更能感动人的了。可惜你对音乐一窍不通，我怎么找了你做朋友啊？"驴子继续说："他不会那么巧赶来的。"

　　驴子终于还是没有接受牛的建议，开始高歌起来，它一唱歌，园丁立刻发现了驴子和牛，就把它们全给逮住了。

　　驴子的侥幸心理，既害了朋友，又害了自己。驴子想唱首歌表达自己兴奋的心情，这是可以理解的。但是，为了一时的宣泄而不顾情境是否危急，一时兴起就放纵自己，还心存侥幸，认为自己不会被捉到，致使酿成了悲剧。

　　现实生活中许多人也是这样。一旦侥幸得逞，就盲目乐观。不顾自己的真实处境，看不到自己面临的潜在威胁，控制不住自己的情绪，任性妄为，结果引火烧身，给自己和朋友带来不必要的麻烦。

所以，要学会审时度势，千万不能放纵自己。更不能心存侥幸心理。

春秋战国时期的宓子贱是孔子的弟子，鲁国人。有一次，齐国进攻鲁国，战火迅速向鲁国单父地区推进，而此时宓子贱正在单父。当时正值麦收季节，大片的麦子已经成熟了，不久就能够收割入库了，可是齐军一来，这眼看到手的粮食就会让齐国抢走。

当地一些人向宓子贱提出建议，说："麦子马上就要熟了，应该赶在齐国军队到来之前，让咱们这里的老百姓去抢收，不管是谁种的，谁抢收了就归谁所有，肥水不流外人田。"其他人也认为："是啊，这样把粮食打下来，可以增加我们鲁国的粮食。而齐国的军队没有粮食，自然坚持不了多久。"

尽管乡中父老再三请求，宓子贱坚决不同意这种做法。过了一些日子，齐军一来，真的把单父地区的小麦一抢而空。

为了这件事，许多人埋怨宓子贱，鲁国的大贵族季孙氏也非常愤怒，派使臣向宓子贱兴师问罪。

宓子贱说："今年没有麦子，明年我们可以再种。如果官府这次发布告令，让人们去抢收麦子，那些不种麦子的人则可能不劳而获，得到不少好处。单父的百姓也许能抢回来一些麦子，但是那些不劳而获的人以后便会年年期盼敌国的入侵，民风也会变得越来越坏。其实单父一年的小麦产量，对于鲁国强弱的影响微乎其微，鲁国不会因得到单父的麦子就强大起来，也不会因失去单父这一年的小麦而衰弱下去。但是如果让单父的老百姓，以至于鲁国的老百姓都存了这种借敌国入侵能获得意外财物的心理，这才是危害我们鲁国的大敌。这种侥幸获利的心理，才是我们鲁国人的大损失啊！"

损失粮食是有形的、有限的，而让民众存有侥幸得财得利的心理才是无形的、长久的损失。得与失应该如何取舍，宓子贱用自己的冷静为青少年作出了榜样。我们必须明白，越是关键的时刻，才越彰显一个人的意识是否成熟。

# 世上没有免费的午餐

不劳而获的"利"往往是"害"的影子。世上没有免费的午餐，也没有白来的利益，但偏偏有人抱着侥幸心理，一次次被空幻的利益牵着鼻子走，一步步陷入人家挖好的陷阱。

古时有个读书人叫张生，博学，口才极好，本来是可以有所作为的，但他很爱占小便宜，被一个骗子骗去了一大笔银子。张生自然又气又恨，想到各地去漫游，希望能抓住那个骗子。事有凑巧，忽然有一天，他在苏州的闾门碰上了那个骗子。不等他开口，骗子就盛情邀请他去饮酒，并且诚恳地向他道歉，说是上次很对不起，请他原谅。过了几天，骗子又跟张生商量说："我们这种人，银子一到手，马上就都花了，当然也没有钱还给你。不过我有个办法，我最近一直在冒充三清冠的炼丹道士。东山有一个大富户，和我已经说好了，等我的老师一来，就主持炼丹之事，可我的老师一时半会儿又来不了，你要是肯屈尊，权且当一回我的老师，从那富户身上取来银子，我们对半分，作为我对你的赔偿，而且能让你多赚一笔，怎么样呢？"张生听说有好处，就答应了那个骗子的要求。于是这个骗子让张生剪掉头发，装成道士，自己装作学生，用对待老师的礼节对待张生。那个大户与扮成道士的张生交谈之后，深为信服，两人每天只管交谈，而把炼丹的事交给了骗子。大户觉得既然有师傅在，徒弟还能跑了？不想，那个骗子看时机成熟，就携大户的银子跑了，于是大户抓住"老师"不放，要到官府去告他。倒霉的张生大哭，然而等待着他的，是一场牢狱之灾。

张生是那种一有好处便昏了头脑的人，甚至连多考虑一下也等不及，便答应了骗子的要求，竟然为了一点钱财与骗子一起干起行骗的勾当。他没有想到，骗子许下的承诺根本不可能兑现。

抱着侥幸心理，企盼拥有免费的午餐，就会像张生一样被人利用，无法脱身。

在诱人的利益面前，你应该学会低声问问自己："这种好事怎么会落在我头上？"多一分小心谨慎，才能少一些危险和磨难。

凡事有利必有害，而"免费的午餐"背后更可能隐藏着大害。自古至今，只有能明事非、辨利害，才能不会身受其害。

## 成功没有侥幸，脚踏实地才是正道

心存侥幸是很多人的人性弱点，更是青少年学业有成的大敌，是影响青少年个人健康成长的大敌，万万不可有，万万不可长。"莫伸手，伸手必被捉"，这是每个人必须牢记在心、永记在心的。

心存侥幸，渴望点石成金、一夜暴富的人往往会一无所获、双手空空；而那些看似没有多少进步的人，积累一段时间以后，就会获得成功。因此，踏实跨出你的每一步，你就能积少成多，获得成功。

对于青少年朋友们来讲，侥幸心理要不得，要的是踏踏实实地走好人生的每一步，为今后的人生作铺垫。当然，作为一种投机心理，侥幸总是会在青少年们意志薄弱的时候乘虚而入，那么，该怎样克服这种弱点呢？

1. 树立正确的心理意识。要确立正确的观念，不要有投机取巧的心理，对自己严格要求，而不是放纵放任，要清楚地认识到，侥幸是靠不住的，只有脚踏实地的努力才是最可靠的。

所以，青少年朋友们必须尽力摒弃下列口头禅：

"作弊，没问题，不会被看到的！"

"雨伞，不必带，多云不一定会下雨。"

"这几页，不用背，应该不会考。"

"红灯，冲过去，应该不会被抓到。"

"人生路，不用愁，船到桥头必然直。"

这样才能在思想意识上摆脱侥幸思想的纠缠。

2. 踏踏实实，积少成多地积累知识。考试是青少年面临的重要关卡，很多青少年平日不好好读书，不注意积累知识，到了考试关口，为了应付家长和老师。便临时突击复习，想要在短时间内提升学习成绩，这是几乎不可能的事情。还有的青少年为了考试取得好成绩，作弊，抄袭别人的卷子，想蒙混过关，却没有想过，一旦被老师发现，后果有多严重。而且作弊是十分不好的事情。

3. 严格要求自己。有的青少年对自己要求不高，也不严格，总认为自己还小，来日方长，有些事情就算做错了，将来改正也是来得及的。可是青少年要意识到，一旦心存侥幸，做了坏事，就为自己抹了黑。有的青少年心存侥幸，吸毒，玩游戏，认为自己不会上瘾，却在悄无声息中将自己拖入了罪恶的深渊而无法自拔。

所以，我们必须强化自身的思想意识，并在行动上力避侥幸的误区，做一个扎实稳妥、实打实干的人。

# 第十六章

## 妄自菲薄的人永远只能仰望世界

# 自卑是自己给自己画的牢笼

　　世上大部分人之所以不能走出生存困境，是他们对自己信心不足，他们就像一棵脆弱的小草一样，毫无信心去经历风雨，这就是一种可怕的自卑心理。自卑的心理让人们常常妄自菲薄，认为自己很多地方都不如人。

　　生存在现代社会里，要把自己经营得很好，第一项必备的绝技就是要相信自己，对自己有一个正确的认识。而不是一味地躲避在自己的小天地中，不问外界的变化，生怕自己会在别人面前出丑。

　　自卑的情绪会对一个人的人生发展产生很大的影响。

　　王璇就是这样，她本来是一个活泼开朗的女孩，竟然被自卑折磨得一塌糊涂。

　　王璇毕业于某著名语言大学，在一家大型的日本企业上班。大学期间的王璇是一个十分自信、从容的女孩。她的学习成绩在班级里名列前茅，她常常成为男孩追逐的焦点。然而，最近，王璇的大学同学惊讶地发现，王璇变了，原先活泼可爱、整天嘻嘻哈哈的她，像换了一个人似的，不但变得羞羞答答，做起来事也变得畏首畏尾，而且说起话来显得特别不自信，和大学时判若两人。每天上班前，她会为了穿衣打扮花上整整两个小时的时间。为此她不惜早起，少睡两个小时。她之所以这么做，是怕自己打扮不好，遭到同事或上司的取笑。在工作中，她更是战战兢兢、小心翼翼，甚至到了谨小慎微的地步。

　　原来到日本公司后，王璇发现日本人的服饰及举止显得十分高贵及严肃，让她觉得自己土气十足，上不了台面。于是她对自己的服装及饰物产生了深深的厌恶之情。第二天，她就跑到商场去了。可是，由于还没有发工资，她买不起那些名牌服装，只能怏怏地回来了。

在公司的第一个月，王璇是低着头度过的。她不敢抬头看别人穿的正宗的名牌西服、名牌裙子，因为一看，她就会觉得自己很寒酸。那些日本女人或比她先进入这家公司的中国女人大多穿着一流的品牌服饰，而自己呢，竟然还是一副穷学生样。每当这样比较时，她便感到无地自容，她觉得自己就是混入天鹅群的丑小鸭，心里充满了自卑。

服饰还是小事，令王璇更觉得抬不起头来的，是她的同事们平时用的香水都是洋货。她们所到之处，处处飘香，王璇自己用的却是一种廉价的香水。

女人与女人之间，聊起来无非是生活上的琐碎小事，比如化妆品、首饰，等等。而关于这些，王璇几乎什么话题都没有。这样，她在同事中间就显得十分孤立，也十分羞惭。

在工作中，王璇也觉得很不如意。由于刚踏入工作岗位，她的工作效率不是很高，不能及时完成上司交给的任务，有时难免受到批评，这让王璇更加拘束和不安，甚至开始怀疑自己的能力。

此外，王璇刚进公司的时候，她要负责做清洁工作。看着同事们悠然自得地享用着她倒的开水，她就觉得自己与清洁工无异，这更加深了她的自卑意识。

像王璇这样的自卑者，总是一味轻视自己，总感到自己这也不行，那也不行，什么也比不上别人。她们怕正面接触别人的优点，总是回避自己的弱项，这种情绪一旦占据心头，结果是对什么都提不起精神，犹豫、忧郁、烦恼、焦虑便纷至沓来。

这个故事提醒我们，对很多事不要太多担心，让自己经常处于不快乐之中。事实上，这皆起因于自我认知的不足。

许多青少年刚接触社会，对社会上光怪陆离的现象抱以新鲜感，他们一时无法适应社会的脚步和规则，所以就显得有些茫然无措，觉得别人比自己强很多，会妄自菲薄，其实只要端正心态，就可以很快适应社会，作出一番成绩。

# 自信和真理只需要一根支柱

自卑常常在不经意间闯进我们的内心世界，控制着我们的生活。在我们有所决定、有所取舍的时候，自卑向我们勒索着勇气与胆略；当我们碰到困难的时候，自卑会站在背后大声地吓唬我们；当我们要大踏步向前迈进的时候，自卑会拉住我们的衣袖，告诉我们前面危机重重，仅凭一己之力根本无法应对。自卑就像蛀虫一样啃噬着我们的心，它是我们走向成功的绊脚石，它是快乐生活的拦路虎。可是，我们不能一直活在自卑的阴影中。恢复你的自信，你也可以像世界名模一样走路。

他是英国一位年轻的建筑设计师，很幸运地被邀请参加了温泽市政府大厅的设计。他运用工程力学的知识，很巧妙地设计了只用一根柱子支撑大厅天顶的方案。

一年后，市政府请权威人士进行验收时，对他设计的一根支柱提出了异议。他们认为，用一根柱子支撑天花板太危险了，要求他再多加几根柱子。

年轻的设计师十分自信，他说："只要用一根柱子便足以保证大厅的稳固。"他通过计算和列举相关实例详细说明，拒绝了工程验收专家们的建议。

他的固执惹恼了市政官员，年轻的设计师险些因此被送上法庭。在万不得已的情况下，他只好在大厅四周增加了四根柱子。不过，这四根柱子全部都没有接触天花板，其间相隔了无法察觉的两毫米。

时光如梭，岁月更迭，一晃就是300年。300年的时间里，市政官员换了一批又一批，市政府大厅却坚固如初。直到20世纪后期，市政府准备修缮大厅的天花板时，才发现了这个秘密。

消息传出，世界各国的建筑师和游客慕名前来，观赏这几根神奇的柱子，并把这个市政大厅称作"嘲笑无知的建筑"。最让人称奇的是那位建筑师当年刻在中央圆柱顶端的一行字：自信和真理只需要一根支柱。

那位年轻的设计师就是克里斯托·莱伊恩，一个很陌生的名字。今天，能够找到的有关他的资料实在少之又少了，但在仅存的一点资料中，记录了他当时说过的一句话："我很自信。至少100年后，当你们面对这根柱子时，只能哑口无言，甚至瞠目结舌。我要说明的是，你们看到的不是什么奇迹，而是我对自信的一点坚持。"

总是一味轻视自己，不敢相信自己的想法和决策。这种情绪一旦占据心头，就会腐蚀一个人的斗志，犹豫、忧郁、烦恼、焦虑也会随之而来。生命，有时候是一种恶性循环，你越是不相信自己，很多事情越做不好。陷入这样的旋涡里，你将会丢了快乐，丢了幸福。

其实，世界上每一个事物、每一个人都有其优势，都有其存在的价值。

自卑是一种没有必要的自我没落，具有自卑心理的人，总是过多地看重自己不利和消极的一面，而看不到有利、积极的一面，缺乏客观全面地分析事物的能力和信心。这就要求我们努力提高自己透过现象抓本质的能力，客观地分析对自己有利和不利的因素，尤其要看到自己的长处和潜力，而不是妄自嗟叹、妄自菲薄。

# 心有多大，舞台就有多大

一个人成就的大小在某种程度上取决于自己对自己的评价，这种评价有一个通俗的名词——定位。定位能决定人生，定位能改变人生。

定位概念最初由美国营销专家里斯和屈特于1969年提出，即商品和品牌要在潜在的消费者心中占有位置，企业经营才会成功。随后，定位外延扩大，大至国家、企业，小至个人、工作等，均存在定位的问题，事关成败兴衰。

定位是对自己的一种期盼与要求，一个人能否给自己正确定位，将决定其一生成就的大小。志在顶峰的人不会落在平地，甘心做奴隶的人永远也不会成为主人。你可以长时间卖力工作，创意十足、聪明睿智、才华横溢、屡有洞见，甚至好运连连——可是，如果你无法在创造过程中给自己正确定位，不知道自己的方向是什么，一切将徒劳无功。

如果你认定自己的命运就是一个擦车的，那么，也许一生你都在替人擦车、搬行李，最多做一个领班。如果你认定自己会成为一个老板，那么，你经过努力，或许真的会成为一个老板。

在现实中，总有这样一些人：他们或受宿命论的影响，凡事听天由命；或性格懦弱，习惯依赖他人；或责任心太差，不敢承担责任；或惰性太强，好逸恶劳；或缺乏理想，混日子为生……

总之，他们遇事逃避，不敢为人之先，不敢担当，不敢定位自己的人生。也许，成功的含义对每个人都有所不同，但无论你怎样看待成功，你必须有自己的定位。

正确认识自己，才能充满自信，才能使人生的航船不迷失方向。正确为自己定位，才能正确确定人生的奋斗目标。只有有了正确的人生目标，并为之奋斗终生，才能此生无憾，即使不成功，也无怨无悔。

对自己的定位十分重要，如何能够将自卑的不良情绪铲除，下面有一些树立自信的方法可以试一试。

1. 照镜子。照镜子可以让你找到自信，每次对着镜子整理仪容，做到最佳，这样就不必担心在人前出丑。而会一心去工作、学习。

2. 开会还是聚会，都尽量坐在显眼的地方。坐在显眼的地方，会让大家更多地关注你。引起别人的注意，能够增强自己的信心。

3. 直视对方的眼睛。这样会在心理上增加自信。

4. 学会时时微笑。时刻保持微笑能够给自己带来自信，使你祛除恐惧与烦恼，击碎消沉的意志。也能无形中让对方产生好感并吸引对方，由此更能赢得别人的尊重。

# 第十七章

## 盲目崇拜是对自我的否定

# 小丑为何能成为权威

盲目崇拜会导致盲目跟从、盲目跟风。一个人如果养成了这种盲目跟从的习惯，就会变得碌碌无为，没有自己的发展方向。在现实生活中，我们千万不要对某些人事进行盲目崇拜，认为他们就是无所不能的，这不但会降低自己的能力，也会蒙蔽本来清醒的头脑。

现在很多人对一些名人或者权威盲目的认同，其实他们并非是从心里真正的认同，但因为人都具有较强面子心理，他们往往为了顾及面子而依附于他人的思想和认知，从而失去独立的判断，处处受制于人。

下面故事中，这个小丑能够成为权威，就深刻说明了这个道理。

曾有一个小丑，他长时间都过着很快乐的生活。但渐渐地有些流言传到了他的耳朵里，说他到处被公认为是个极其愚蠢的、非常鄙俗的家伙。小丑窘住了，开始忧郁地想：怎样才能制止那些讨厌的流言呢？

一个突然的想法使他的脑袋瓜开了窍，于是，他毫不拖延地把他的想法付诸行动。

他在街上碰见了一个熟人，那熟人夸奖起一位著名的色彩画家。"得了吧！"小丑提高声音说道，"这位色彩画家早已经不行啦……您还不知道这个吗？我真没想到您会这样……您是个落伍的人啦！"

熟人感到吃惊，并立刻同意了小丑的说法。

"今天我读完了一本多么好的书啊！"另一个熟人告诉他说。

"得了吧！"小丑说道，"您怎么不害羞？这本书一点儿意思也没有，大家老早就已经不看这本书了。您还不知道这个？您是个落伍的人啦！"

于是，这个熟人也感到吃惊，也同意了小丑的说法。

"我的朋友杰克真是个非常好的人啊！"第三个熟人告诉小丑说，"他真正是个高尚的人！"

"得了吧！"小丑提高声音说道，"杰克明明是个下流东西。他侵占过所有亲戚的东西，谁还不知道这个？您是个落伍的人啦。"

第三个熟人同样感到吃惊，也同意了小丑的说法，并且不再同杰克来往。总之，人们在小丑面前无论赞扬谁和赞扬什么，他都一个劲儿地驳斥。有时候，他还以责备的口气补充说道："您至今还相信权威吗？"

"好一个坏心肠的人！好一个毒辣的家伙！"他的熟人们开始谈论起小丑了，"不过，他的脑袋瓜多么不简单！""他的舌头也不简单！"另一些人又补充道，"哦，他简直是个天才！"最后，一家报纸的出版人请小丑到那儿去主持一个评论专栏。

于是，小丑开始批判一切事和一切人，一点儿也没有改变自己的手法和自己趾高气扬的神态。现在，他——一个曾经大喊大叫反对过权威的人——自己也成了一个权威了，而年轻人正在崇拜他，而且害怕他。

他们——可怜的年轻人，该怎么办呢？虽然一般来说，不应该崇拜。可是，在这儿，你试试不再去崇拜吧——你就将是个落伍的人啦！

小丑为了改变自己的境遇而改变了说话的风格，变得尖锐而犀利。就是这样，他竟然得到了人们的尊敬和崇拜，俨然一个权威。这里面表现了人性的一个丑陋的侧面——对反叛事物的盲从。

有些人就是这样，当你"语出惊人"时，他便奉你为权威。无论你在说什么，他们都会照单全收，奉为经典。这也是人的奴性的一种体现吧。而人只有坚持自己的主张，才能不为生活中的小丑所左右。

## 别崇拜任何权威，因为你总能找到相反的权威

一切从怀疑开始，成功也要从怀疑开始。有了怀疑，才有世间万物的进步；有了怀疑，我们才能突破现状、超越前人，有了怀疑我们

才有追求成功的动力。学会怀疑，我们才能提升成功。

琴纳是一位长期生活在英国乡村的医生，对民间的疾苦有着深切的了解。当时，英国的一些地方发生了天花，夺去了许多儿童的生命。琴纳眼看着那些活泼可爱的儿童染上天花，因没有特效药，不治而亡，内心十分痛苦。

有一天，琴纳到一个奶牛场，发现一位挤奶的女工尽管经常护理天花病人，却从没有得过天花。这令琴纳很疑惑，因为天花的传染性很强，究竟是什么原因让挤奶女工得以幸免呢？琴纳隐约感到这其中隐藏着什么。他仔细询问后得知，她幼时得过从牛身上传染的牛瘟病。这个发现使琴纳联想到了一个问题，可能感染过牛瘟病的人，对天花具有免疫力。

想到这一点后，琴纳感觉自己已经找到了解决问题的突破口，于是马上采取行动，大胆地试验。他先在一些动物身上种牛痘，效果十分理想。为了让成千上万的儿童不再受天花之灾，他顶住一切压力，在当时仅有一岁半的儿子身上接种了牛痘。接种后，儿子反应正常。但是，为了要证明小孩是否已经产生了免疫力，还要给孩子接种天花病毒，如果孩子身上还没有产生免疫力，那么，他的儿子也许就会被天花夺去生命。

为了千千万万的儿童能够健康成长，琴纳豁出去了，把天花病毒接种到自己儿子的身上。结果孩子安然无恙，没有感染上天花，琴纳的实验终于成功了。从此，接种牛痘防治天花之风从英国迅速传播到世界各地。

人们总是羡慕发明创造者，实际上，我们身边就有许多成功机会，就看你善于不善于捕捉它。捕捉成功的机遇，取得意想不到的创新成果，往往取决于我们有没有捕捉问题的敏锐头脑，有没有善于从司空见惯的现象中发现问题、捕捉疑点的慧眼，有没有在权威下过"结论"、做过"论断"的所谓"终极真理"面前敢于质疑的勇气。

古人云："学者先要会疑。""在可疑而不疑者，不曾学；学则须疑。"西方哲学家狄德罗曾经说过：怀疑是走向哲学的第一步。当我们能够提出自己的疑问、提出自己的质疑时，就说明我们对这个问题有了自己独立的思考，在此基础上，才能够找到新的方法，从而以最快的速度解决问题。

作为新世纪新时代的人来说，我们应该最大限度地鼓励自己和他人大胆提出疑问，敢于否定以前的权威性的观点，敢于说出自己的独到见解。这样，你才能牢牢地抓住成功的机遇，耕耘成功的果实。

# 用心看透事物的真相

崇拜本身并不是一件坏事，但盲目崇拜就是一种会让人迷失的情绪了。无论是崇拜名人，还是崇拜权威或者其他东西，盲目崇拜都会将人带入歧途，蒙蔽人们的眼睛，使人们无法看到事物最真实的那一面。

因为真理就像上帝一样。

我们看不见它的本来面目，必须通过它的许多表现猜测它的存在。真理往往细弱如丝，混杂在一堆假象里，眼睛、心智甚至道德上的缺失都会阻碍我们敲响真理的门，对不了解的事，对尚未为人所知的领域作出错误的判断。

不要太相信自己的眼睛，要用心去看透事情的真相。做事盲目冲动、感情用事常常会导致令人不能承受的严重后果。冷静、理性理应成为我们的生活准则，用来指导我们做事往往会离成功较近。

每个人都会崇拜一些人或事，但切勿盲目。要相信自己的能力，做自己的主人，这样才是正确的。

青少年处于成长、接受大量信息、对一切都很好奇的阶段，很容易产生盲目崇拜这种情绪，如果要想引导青少年不产生这些盲目跟从的情绪，就要从以下几点入手。

1. 选对崇拜的对象，即你所崇拜的对象身上一定要有一些可供你学习和参考的积极的东西，摒弃追星似的盲目狂热，选择榜样以理性对待和学习。

2. 利用对名人的崇拜进行自我教育。崇拜的对象为青少年朋友们提供了直接思想言行规范化的模式，让被崇拜人物的高尚品德、创业意志和献身精神影响和感染我们，启示我们该如何地去对待生活、对待事业、对待未来，以及对待成功与挫折。

3. 多学习名人的传记、著作、格言，寻找成功者的足迹；找机会与英雄人物、科学家、艺术家与企业家见面，和他们对话，从中受到感染和吸取力量；在崇拜的同时，让理想和信念在心灵深处萌发扎根。

4. 不要由于崇拜而伏在名人脚下顶礼膜拜。既有景仰之心，又要有学习赶超之意。克服可望而不可即的怯懦心理，在崇拜中激励自己，勉励自己青出于蓝而胜于蓝。

# 第十八章

## 舍近求远终究徒劳无功

## 通往失败的道路上，处处是错失了的机会

不要以为机会像一个到你家里来的客人，他在你门前敲着门、等待你开门把它迎接进来。恰恰相反，我们多数人的毛病是，当机会朝我们冲奔而来时，我们兀自闭着眼睛，很少人能够去追寻自己的机会，甚至在绊倒时，还不能见着它。

在森林中，一只饥肠辘辘的狮子正在觅食，它看到一只熟睡中的野兔，正想把兔子吃掉时，又看到了一只鹿从旁边经过，狮子想，鹿肉要比兔肉实惠多了，便丢下兔子去追捕鹿。但无奈，狮子因为太过饥饿，体力不支，没有追上鹿。

等它放弃，回到原地找兔子的时候，兔子也不见了，狮子难过地想到："我真是活该，放着眼前的食物不吃，偏要去追鹿，结果这两样都没有得到。"

机会就摆在狮子的面前，它只要一张嘴就可以吃到美味的食物，可是它偏偏放弃，而去追捕难以得到的猎物。这个世界上，不正是有很多像狮子这样的人吗？他们放弃眼前的事物，去追寻虚无缥缈的东西，最终等他们醒悟、回过头来的时候，曾经摆放在眼前的东西，也早已经不见了。

小张是一名外企职员，他兢兢业业，工作十分努力，业绩提升的很快，部门经理十分欣赏他，打算提拔他为部门副经理。可是小张自己有自己的打算，他觉得在这家公司已经发展到尽头了，再待下去也没有多大意思了，便想着跳槽。

在确定跳槽这个念头后，小张对工作便没有以前上心了，隔三岔五地请假去面试，工作还老出错。后来，经理看到他这样，便打消了提拔他的念头。

之后，小张虽然屡屡去面试，却一直没有找到比现在工作更好的工作，但他已经放出话去，说要走人了。再待在公司也感觉很不好意思。迫于脸面的压力，他终于把辞职信放在了经理的办公桌上。

虽然此刻的小张只是得到了一家非常小的公司的应聘回复，经理看着小张，平静地从抽屉里拿出了一个文件，小张打开一看，大吃一惊，原来是经理推荐小张当副经理的文件。此时的小张后悔不堪，因为副经理的待遇不但提升一大截，工作范围也更加广泛。

小张后悔地离开公司，他总想去别处寻找发展机会，却忽视了眼前的机会，导致机会白白溜走。

太多的人终其一生在等待一个完美的机会自动送上门，或者是千辛万苦地去寻找这个合适的机会，以便他们可以拥有光荣的时刻。直到他们了解，机会要留给善于发现机会的人时，已经晚了。

事实不正是如此吗？在生活中我们常常会舍近求远、到别处去寻找自己身边有的东西。而往往机遇就在你的身边，在你的心里。因此，我们要强化机遇意识，善待机遇、把握机遇，并学会创造机遇。

# 并非只有出国才能取得真经

现在许多青少年选择去国外留学，为自己"镀金"，想将来学有所成，作为一名"海归"，回国后定能大展拳脚。

人们总说"外来的和尚会念经"，在人们的印象中，似乎只有从国外镀金回来，才能取得真经。但其实这是一种错误的看法。联想神州数码有限公司执行副总裁、科技发展公司总经理的林杨，却是因在国内的"镀金"，才在事业上取得了卓越的成就。

1966 年 9 月出生在福建省福清市的林杨，似乎并没有什么特别之处。但在 1979 年进入北京八中读书后，他的生活发生了很大的转变。

当时北京八中是一所非常开放的学校，教育目标不是要培养出多少个科学家，而是重视对学生综合能力的培养。在这种环境中接受高中教育的林杨很早就有了不同一般的思维，明白了不应该"唯学习论"，而是要全面发展，要看到一般表面下更深层次的东西，应该抓住关键所在，不应该死学习。中学阶段是一个人性格形成的重要时期，因此北京八中的教育生活对林杨的影响很大。

但最让他受益的是他的大学阶段。1984年9月，林杨进入西北电讯工程学院计算机通信专业，开始了他的大学生活。到了大学读书，林杨有了更多自由支配的时间，在老师对知识重点而传的基础上，他总是喜欢自己主动去思考和挖掘边边角角的问题。由于所学专业是知识更新迅速的通信专业，所以为了生存和发展，他总是不满足于获得一定的知识，而是在学习中不断摸索和掌握多种获取知识的有效方法，这使他的自学能力不断提高。通过实践的锻炼和不断扩大阅读面，林杨的动手能力和个人综合素质获得了全面的提高。如今，时间已经过去了20多年，每当他谈起自己的大学学习，总是十分得意于自己的刻苦努力和一套行之有效的学习方法。

看过林杨的成功求学经历后，我们可以明白，其实，在哪里学习并不重要，关键是要把继续教育看成你获取知识的地方，看成学习方法的地方，而不是你满足虚荣心的地方。所以，如果你想要给自己"镀金"的话，不一定非要选择国外。

有时候，舍近求远，跑到国外去留学，未必就会比在国内学习成效大。每个青少年都要针对自己的不同情况作出选择。

# 善于把握机遇

比尔·盖茨的成功很大程度上取决于他是个善于把握时机的天才。在1980年与IBM公司的一次决定命运的会议上，计算机产业或者可以说整个商业领域的未来被改写了。事情大大出乎人们的意料。蓝色巨人公司的主管与西雅图的一家小软件公司签约，为自己的首部个人电脑开发操作系统。

他们以为这仅仅是向小合同商外购不重要的部件的举动。毕竟，他们做的是计算机硬件生意，硬件才是利润的竞争所在。但是他们错了，世界将要改变。在毫不知情的情况下，他们把他们的市场统领地位拱手让给比尔·盖茨的微软公司。

在很大程度上IBM被比尔·盖茨"利用"了，但是与微软公司的这项签约决定不过是蓝色巨人所犯的一系列错误中最严重的一个，这反映了IBM当时的狂妄自大。一个曾在IBM公司就职的职员把IBM比作苏联独裁政权，人们向上爬的方法是取悦他们的顶头上司而不是为用户的真正利益效力。

所以，机构臃肿、盲目自信的IBM遭遇到充满活力、觊觎已久的微软时，就像把肥硕而昏聩的水牛引到吞食活物的淡水鱼嘴边一样。

盖茨是幸运的，但是如果同样的机会落到其他人身上，结果也许就大不相同了。IBM挑选了比尔·盖茨，这个从不错失良机的人，在关系到一生的重大时机前，他抓住了最重要的部分。

IBM忽视的也正是盖茨所清晰地看到的，计算机世界正在发生着翻天覆地的变化，这被管理理论家称为转型。某种程度上，盖茨了解到软件而不是硬件是未来发展的必争之地，这是IBM墨守成规的主管们所无法了解的。盖茨也了解到IBM将要求它的灵魂人物——市场部经理来为软件运行建立一个统一的操作平台，这个操作平台将以盖茨从其他公司购买的名为Q－DOS的操作系统为蓝本，而微软早已把Q－DOS改名为MS－DOS。

但在当时，即使是盖茨也没想到这次交易能给微软带来多么丰厚的利润。

人生有限，机遇无限，有人说过这样一句话："耐心等待，机遇就在明天！"其实，机遇不必等待，机遇就在今天，就在你手中，成功就在你家门口。

这个故事充分地说明了杰出者的思维方式，说明他们是怎样抓住机遇的。你应当像他们一样，善于抓住机遇，把握机遇，创造机遇，直到成功。

不过你得注意，要想把握这万分之一的机会，你必须做到：

1. 目光远大

鼠目寸光是不行的，不能只看见树叶，而忽略了整个森林。

2. 做好准备

有一句名言说："机遇偏爱有准备的头脑。"在机遇来临之前先提升自我，在机会到来时才能牢牢把握。

3. 锲而不舍

没有持之以恒的毅力和百折不挠的信心，是难以取得成功的。

对机遇，必须看准时机及时把握它，并付诸行动，将它变成现实的成功，这才是杰出人士的明智选择。

# 第十九章
## 成见让人戴着有色眼镜看世界

# 成见会影响我们的人际关系

日本古代的德川家康控制三河后，命令手下的本多作左卫门重次、高力左卫门尉清长、天野三郎兵卫康景三人协助治理冈崎城。

然而当时的情况是，三人各有优缺点，不被别人看好。

当时冈崎城流行着这样一句戏言："高力入神，作左似鬼，天野像凡人。"

对此，家康并不理会，他力排众议，并利用三人正直、刚正不阿、刚柔并济的特点，有针对性地安排他们，最终他们作出了一番成绩，得到了百姓的认可。

德川家康的手下很大部分是在德川家康的一手提拔下成长起来的。另外，家康的家臣酒井重次在家康弑子的事情上，起了推波助澜的作用。

事实上，重次对信康早有满腹怨言，曾经数次在战场上暗自诅咒这小子战死。当他知悉信长想让德川家关押信康的时候，重次的态度十分强硬。在他的计划下，信康被杀。

信康一直是家康最喜爱的儿子，其心情可想而知，但是，家康没有因此而对重次耿耿于怀，变相报复，而是有意忽略了重次的仇恨，继续重用重次。

部下石川数正恃才傲物，说话行事狂傲不羁，但是对时事的评论常常一语中的，入木三分，有时也会令家康非常尴尬而下不了台阶。

如果是一般君主，石川数正铁定在劫难逃。可事实相反，家康对待他一如既往。虽然后来他因为多疑而叛离了家康，但是他在家康麾下时，从未受过冷遇。

家康给我们的启示是，对人不要有成见，尤其不能戴着有色眼镜看周围的世界。成见施于人，如同把对方定格成一张照片。水平高超的人将丑人照出美感，水平低劣的人将美人照成丑八怪。

也许有一张照的相对真实，"成见"让人们戴着有色眼镜看世界，难以认清真实的本质，更糟糕的是"我们运用成见时的那种轻信"，成见加上轻信，小则"三人成虎"，大则可以"积毁销骨"。

在与别人交往的过程中，我们并不总是能够实事求是地评价一个人，往往是根据已有的了解对别人的其他方面进行推测。

我们常从对方具有的某个特性而泛化到其他有关的一系列特性上，从局部信息形成一个完整的印象，即根据最少量的情况对别人作出片面的评价。

如果我们对于身边的人存在着程度较深的偏见，就会影响我们的人际关系，可能会在不知不觉中失去一位良师益友，不断地把自己陷入孤立的境地。所以，青少年朋友们应该对人的个性弱点进行自觉的规避或克服，学会容纳他人，使自己的生活和成长走上正轨。

# 门缝里看人，全是偏见

生活中有一群人，虽然没有戴太阳镜或茶色眼镜，看人却带有颜色，把正直的人看成恶徒，把有才华的人看作窝囊废。殊不知，用有色眼光看人，相当于从门缝里看人，一洞窥天，全是偏见。

一个新闻系的毕业生在外急于寻找工作。一天，他到一家报社对总编说："你们需要一个编辑吗？"

"不需要！"

"那么记者呢？"

"不需要！"

"那么排字工人、校对呢？"

"也不，我们现在什么空缺也没有。"

"那么，你们一定需要这个东西。"这位毕业生边说边从包中拿出一块精致的小牌子，上面写着"额满，暂不雇用"。总编看了看牌子，微笑着点了点头，说："如果你愿意，可以到我们广告部工作。"这个大学生通过自己制作的牌子表达了自己的机智和乐观，给总编留下了美好的"第一印象"，引起了总编极大的兴趣，从而为自己赢得了一份满意的工作。

和别人相处时，我们都习惯戴上一副"有色"眼镜，将别人放进一个框框里，再用这个框框解释此人的角色与行为：他是好人、他是坏人，他好像小偷，她很爱占别人的便宜……我们甚至把想法投射在别人身上，以致经常偏离事实真相。

例如，当你暗夜走在街上，看见某扇窗亮了一盏灯。也许有人会说："这一定是母亲在为还没有回家的子女准备晚饭。"也有人会说："里面一定在举行聚会！"其实，真实情况是什么，只有走进屋内才知道。

用有色眼光看人，会使我们犯下许多错误，从而影响我们正常的人际关系。摘下"茶色眼镜"，看一论一，以眼前论眼前，凭事实说话，对别人作出客观评价，这样才能使我们避免出现"偏见"错误。

## 凭事实说话

人们的认识往往受到过去经验、社会传闻以及在此基础上形成的社会心理结构的影响和干扰。选择恋爱对象也是一样，社会评价、他人的选择标准、从传闻中获取的爱情知识和对方信息都会严重影响人们的眼光。在不能正确对待并且不能排除干扰的情况下，许多人就会有一些选择偏见。

不仅是谈恋爱、工作、选择朋友等，很多都会受到成见的影响。青少年要如何做到不被成见左右视线呢？

凭事实说话，对别人作出客观评价，这样是避免出现"偏见"错误的最佳办法。

1. 不被社会刻板印象影响。识人时，有很多人凭刻板印象办事。例如看到衣衫不符合自己审美观念的，就认为这个人和自己不投缘，便与之错过。其实只要深入了解下去，还是很有可能成为朋友的。

2. 第一印象断定人的好坏。有些人可能会根据同别人见面时，第一眼看到对方的形象和风度，或第一次与对方谈话留下的印象的好坏来判断，如果对方给自己的第一印象不错，比如长相好、有气质、有风度等，那这个人就会和自己成为朋友。如果相反，那就不和他交往，这是错误的。

3. 先入为主的印象。很多人在选择朋友的时候，往往受先入为主的印象的影响，尤其是认识朋友的朋友时，朋友之前的评价会对自己产生较深的影响，这些都是不客观的。

没有主见的人容易受先入印象的影响，因为他们容易接受、相信社会舆论和受他人左右。这种人最容易被成见左右视线。

# 第二十章

## 具有奴性的人意识不到自己是个人

# 深知自己的奴性未尝不是好事

在现实生活中，有些人自己看不起自己，自己作践自己，自己愿意与人为奴，供人驱使，而且，他们表现得比自卑的人更为严重。这样的人，就是没有骨气的人，说的再严重一点，就是身上和心里都有"奴性"。具有奴性的人喜欢仰人鼻息，看人眼色行事，以溜须拍马为能事；喜欢媚上欺下，他根本没有自我意识，根本想不到自己也是个堂堂正正的人。

具有奴性的人，不愿意（或不知道、没想到）自己去争取自己的福祉，一切仰望"奴隶主"的施舍，甚至于把自己的生命都交给别人去决定；讲深入一点，就是只晓得在"奴隶主"设定的规则下，努力地跟和自己情况类似的人去拼生活。结果拼得头破血流，你死我活。正因为"奴隶主"了解这种奴性，于是在生活的方方面面加以运用，企图从"奴隶"身上获得好处。

一个公司的主管，有二十几名下属。有一次，为了某件突发的事情，他要求大家加班处理。由于先前大家已为一个大案子忙了半个多月，因此他的加班要求只有两个人响应。眼看事情没人做也不行，第二天，他宣布凡加班者除了原有的加班津贴，再加发两倍，可是只吸引了三四个人的加入。第三天，他什么也不说，悄悄地在布告栏贴了告示：加班津贴照原来的决定发给，但不来加班的，一律以"触犯公司文件"记过扣薪处分。结果没有一个人缺席。

这位主管正是利用人本质中的奴性。

事实上，奴性与生俱来，我们每个人都有，只是程度有别。若深知自己的奴性，未尝不是一件美事，因为他将在规则之下知道何事可做、何事不可做，自己的行为便有了"秩序"。因此，"奴性"不必去摆脱（也不可能摆脱）。我们最怕的是不知道自己有奴性以及真的没有奴性的人，这种人什么都不怕，什么规则都对他产生不了作用，这种人不是自我毁灭，就是毁灭他人，是相当危险的！

# 尊严无价

　　狮子有王者的霸气，王者的尊严，王者的风范，这是大自然赋予狮子的本色，使人望而生畏，敬而远之。其实人活着就该如此，不活则罢，要活就活出精彩，活出价值，活出尊严。用尊严来表现自己尊重生命、尊重生活的执着。因此，我们欣赏狮子，欣赏尊严。

　　尊严就好比一个人挺立着的脊梁，也是人活在世上最根本的支撑。如果一个人连尊严都丢失了，便也失去"主心骨"，只能坍塌下来，成为一个爬行的"人"，在地上匍匐前行。这是一种莫大的悲哀！生而存在，每个人都应当懂得去维护这根本的立足资本。

　　一年冬天，美国加州的一个小镇上来了一群逃难的流亡者。长途的奔波使他们一个个满脸风尘，疲惫不堪。善良好客的当地人家家生火做饭，款待这群逃难者。镇长约翰给一批又一批的流亡者送去粥食，这些流亡者显然已经好多天没有吃到这么好的食物了，他们接到东西，个个狼吞虎咽，连一句感谢的话也来不及说。

　　只有一个年轻人例外，当约翰镇长把食物送到他面前时，这个骨瘦如柴、饥肠辘辘的年轻人问："先生，吃您这么多东西，您有什么活儿需要我做吗？"约翰镇长想，给一个流亡者一顿果腹的饭食，每一个善良的人都会这么做。于是，他说："不，我没有什么活儿需要你来做。"这个年轻人听了约翰镇长的话之后显得很失望，他说："先生，那我便不能随便吃您的东西，我不能没有经过劳动，便凭空享受这些东西。"约翰镇长想了想又说，"我想起来了，我家确实有一些活儿需要你帮忙。不过，等你吃过饭后，我就给你派活儿。"

　　"不，我现在就开始工作，等做完您交代的活儿，我再吃这些东西。"那个青年站起来。约翰镇长十分赞赏地望着这个年轻人,但他知道这个年轻人已经两天没有吃东西了,又走了这么远的路,可是不给他做些活儿,他是不会吃下这些东西的。约翰镇长思忖片刻说:"小伙子,你愿意为我捶背吗?"那个年轻人便十分认真地给他捶背。捶了几分钟,约翰镇长便站起来说:"好了,小伙子,你捶得棒极了。"说完将食物递给年轻人,他这才狼吞虎咽地吃起来。

约翰镇长微笑地注视着那个青年说:"小伙子,我的庄园太需要人手了,如果你愿意留下来的话,那我就太高兴了。"

那个年轻人留了下来,并很快成为约翰镇长庄园的一把好手。两年后,约翰镇长把自己的女儿詹妮许配给了他,并且对女儿说:"别看他现在一无所有,可他将来一定会是个富翁,因为他有尊严!"

有尊严的人比奴性的人更容易接近成功,所以这个青年人比其他流亡者更快地获得了稳定的生活。

尊严无价。一个人若失掉了尊严,做人的价值和乐趣就无从谈起。尊严是一个人做人的根本,无论在什么时候,我们都应当挺直做人的脊梁,用行动捍卫自己的尊严。

自尊,是人的一种美德,是无价的,是人最珍贵、最高尚的东西。所以,即使在诱惑面前也要岿然不动,绝不能出卖灵魂。无论你今后的日子是富贵还是贫穷,你都要保持做人的尊严,唯有你自己自敬自尊,才会得到他人的尊敬。

## 不控制奴性,就会被奴性控制

既然奴性与生俱来,而且它是十分有害的,那么我们就应该积极地想出办法来控制它、疏导它,引领它向着各种健康的品质发展。对此,不妨采取以下几种方法。

首先,建立完善的自我意识,认识到自己是个堂堂正正的人。一个人要成功，更应该有独立意识。一切都要靠自己，只有你独立地去做了，你才会成功。

其次，思考一下奴性与自我的关系，在两者的关系中，是它居于主动还是自我居于主动。

如果是它居于主动，也就是自我被它操纵、控制，那么，我们就应该毫不犹豫地驱除它；如果是我们居于主动，我们控制着它，那么，我们应该发扬这种心理中的积极方面，比如谦虚，而抑制自轻自贱的一面。

奴性心理在相当一部分人的意识中占据着主要的位置。因此，我们一定要作出努力，为保持一个真实、自主的自我而努力。只有不被奴性心理控制，并且控制了它，我们才能争取到自己的幸福，获得事业上与生活上的成功。

再次，将奴性转化为一种对我们有用的心理：自谦。

自谦是一种优良的品质，它来自于奴性心理，但与奴性心理有质的不同。奴性心理是一种自己不把自己当人的心理，在这种心理驱使下的人，会把自己交出去，会失去自我，使自己成为一个人、一种理论、一种宗教或某种事物的奴隶。自谦意识则不是，它虽然和奴性心理在外在表现上似乎有相似之处，但是，怀有自谦意识的人，是依然保持着自我的人。他没有成为某个人、某件事、某种理论的奴隶，他只是以谦恭的态度对待这些人和事。而谦恭的态度，对于一个人来说，其实是必须具有的态度，它与傲慢相对，是一个人应该具备的品质。

# 第二十一章
## 鸡蛋里挑骨头

# 吹毛求疵是一种毛病

没有人是完美的，对待他人应像对待自己一样，别太挑剔了。

斯蒂夫不是个引人注目的人。他本可以悠闲自在、安安静静，然而，他偏要一刻不停地向人"介绍"自己，拿自己和别人去作比较。

当斯蒂夫说约翰长得太高时，同事情不自禁地看了看斯蒂夫。虽然他们是"抬头不见低头见"的老相识，同事却发现，斯蒂夫实在太矮，好像在发育时期，父母亏待了他似的。

当斯蒂夫讲丹妮的眼睛看着让人恶心，同事才注意了斯蒂夫的眼睛，并拿他的眼睛和丹妮的眼睛作了对比。这才吃惊地发现，相比之下，原来丹妮的眼睛是那么清澈，那么明亮。

斯蒂夫说史密斯有个难看的塌鼻子，却没有注意到他自己脸上的肉团也不怎么样。斯蒂夫讲丹弗尔是"龅牙啃西瓜"，却忘了他自己的门牙间那条气魄、开阔的"巴拿马运河"。

爱丽斯讲兰迪风骚，裙子太短，衣服太露。同事了解到，那是因为爱丽斯没有兰迪那种风韵。爱丽斯曾在镜子前研究了自己的体形，不得已换上了一条尽可能把自己遮盖严实的连衣裙。

鲍波说鲁道夫命苦，整天忙碌，却不知道他活得多么幸福。他有爱，有妻子、有儿女、有工作，他怎能不忙碌？但他不怕忙碌，而且乐于忙碌。马力说海伦……

生活中有多少人在用挑剔的眼光批评别人！是的，他"五音不全"，可他哼的小调，充满了快乐的精神。

是的，她长得不算好看，可真挚的微笑，使她显得动人。

是的，她已年近半百，可她童心未泯。

是的，他思维不够敏捷，可他从不算计别人。

你能说，他们不美吗？

你看见小草绿了、杨柳树吐芽了吗？你注意到涓涓小溪的悠悠流动了吗？

你会因为秋天的萧条、冬日的寒冷而说这两个季节不好吗？如果你曾踏过落叶，赏过雪景。

夕阳射出一抹金光，留在茸茸的草坪上；海风抚摸着大海；蓝天亲吻着大地；太阳依旧东升西落，星星依然闪烁在夜空。

啊，宇宙依然这么壮丽。你为什么看不到这一切，只在别人身上吹毛求疵、寻找缺陷呢！这一癖好不但会使别人疏远你，它也会使你感觉很糟糕。它鼓励你去考虑每件事和某个人的不当之处——你不喜欢的地方。

所以，"吹毛求疵"不是使我们欣赏我们的人际关系和生活，而是鼓动我们认为生活并不尽如人意，没有什么是尽善尽美的。

在我们的人际关系中，"吹毛求疵"的典型表现是这样的：你遇到某人且他一切都好，你被他或她的外表、个性、智慧、幽默感或这些品质的某种结合吸引。开始时，你不但赞同此人与你的不同之处，你实际上是欣赏他们，你甚至会被这个人吸引，部分是因为你们是多么的不同。

他或她有与你不同的观念、喜好、品位和优势。然而，过了一段时间，你开始注意到你的新搭档有些小缺陷，你认为应该能够有所改善。你使他们注意到这一点。这时你也许会说："你知道，你确实有迟到的倾向。"或是"我已注意到你不大看书"。

关键是，你已开始不可避免地转入一种生活方式——寻找和考虑某人身上你不喜欢的地方，或不十分正确的方面。显然，一个偶然的言论、建设性的批评，或有助益的引导并不会招致警觉。

当你要去"挑剔"另一个人时，这表明不了别的，它确实只表示你是那个需要被批评的人。无论你是否对你的人际关系或生活的某些方面吹毛求疵，还是两者都有，你所需要去做的只是将"吹毛求疵"作为一个坏习惯而注销掉。当这个习惯偷偷侵入你的思想，及时管住自己并封上你的嘴，你越不常去挑剔你的伙伴或朋友，你就越能注意到你的生活确实十分美好。用欣赏的眼光看待同事和朋友，尽量找他们身上的优点吧！

# 别只顾埋怨杂草而忽视鲜花

人，活在这个世界上，环境是你生存的基础，但绝不主导你的生活。吹毛求疵会降低我们的生活质量。我们有时精神萎靡、心境恶劣、疲惫不堪，不正是由于过分注重一些毫无价值的小事才引起的吗？这种性格上的弱点，除了自我折磨以外，并不会产生任何积极的结果。

对一些小事情的吹毛求疵，会对一个人产生十分消极的影响，就Mike一天的一些极普通的事情来说吧。

Mike一早睁开眼，天气不好，他不太开心。他认为，晴朗和阴霾对人的情绪怎么也有影响，老天爷总不开脸，铅灰色的云层，像一块砖头压在心上，能痛快吗？

接着，皱着眉头吃完老样子的早餐，Mike又不满意了，他想，也许从果腹这个角度看，自己的早餐无可挑剔。但人终究和吃饲料的动物不同啊，胃口大小、心情好坏，乃至于咸淡、干稀都要有一些个人的讲究啊！想到终日奔忙，只是为了糊这张嘴，Mike的心情又黯淡了不少。

随后，就该穿衣出门了。这就更麻烦，Mike在那儿脱来换去，发现自己挑选衣服的时候大半不是从个人舒适出发，更多是从顺应别人的眼睛考虑。Mike捉摸不透服装潮流，一会儿这么变，一会儿那么变，不知何时是个头？而且变过来变过去，弄得人无所适从，因此更为苦恼。纯粹是在为别人穿衣服，还得小心谨慎。超前了，怕人家说你；落在后面，又怕被讪笑，多没劲啊，Mike心里烦得够呛，做人真难啊！

好不容易换好衣服，这就该上班去了。搭乘公共汽车也好，或者骑自行车也好，出了门，一个"挤"字，就把Mike的情绪彻底破坏了，觉得世界好大好大，按说不会多自己一个，但别人连一点空隙也不想给自己留下的挤劲儿，令自己无法快活了。他觉得自己踏进让人焦头烂额的社会后，将来还不知会有哪些坑坑洼洼等着自己去呢，所以，他越想越觉得自己周围的环境简直是太差劲了，越觉得活在这个世界上太累了。

吹毛求疵者的眼光总是非常狭隘、非常近视的。他们只顾眼下，不管将来；只计较细小的事情，没有远大的计划；容易对一些过去的事惋惜和悲伤，无法从琐事中抽身出来。

留心生活你就会惊奇地发现，能够体验到环境给自己带来欢跃的人非常之少。不管是你身边的朋友、同事，还是亲人，难得碰见有人能够在自己的山冈上面"瞥见黄色的水仙花"。你是不是只埋怨路边的杂草弄脏了鞋子，而忽视了草坪中充满青春活力的色彩绚丽的花朵呢？你在雨后是不是只两眼盯着道路上的泥泞，而注意不到难得的清新的空气呢？

宽容环境，首先要学会忍受环境带来的种种不方便，不抱怨，不强迫，不做任何影响自己的事，主动去接受它，适应它，当你可以和周围的环境融为一体、看到生活中好的方面的时候，世界就会变得更加美好。宽容会让你快乐，让你充实，让你成熟，让你稳重，而环境带来的不愉快自然会在这样的你的面前烟消云散。

# 学会宽以待人

只有对一些小事"模糊"一些，才能真正品味到生活的乐趣，也才能有充沛的精力去处理人事，进而有所发现，有所领悟。这样，心境也自然日益变得舒畅起来。

在日常生活工作中，我们总是要和朋友、同事相处并发生各种关系，总要不可避免地产生这样或那样的矛盾。在这种情况下，究竟应当采取什么态度？

在朋友之间，还是严于律己、宽以待人好。"宽以待人"，是自古以来的优良道德传统，在今天仍然应当加以继承和发扬。一个有道德的人，在同别人的相处中，由于他能够很好地关心别人、尊敬别人，所以，他也就能够得到别人的关心和尊重。这也就是"爱人者，人恒爱之；敬人者，人恒敬之"的道理。

一个人，在社会生活中如果受到了别人非礼的待遇，他首先要反躬自问，检查自己在处理问题时，是不是有什么不妥当的地方。如果自己有不对的地方，就应当坚决改正，如果自己并没有不对的地方，也就不要再去同这种人计较了。

在同他人的交往中，时时都要有一种"设身处地"的思想，来理解别人、体贴别人。提倡在人和人相处时，要拿自己作譬喻，推己及人，从而达到更好关心别人的目的。当自己有困难或遭到不幸时，总是希望能得到他人的帮助，因而，在别人遭到困难和不幸时，自己就应当主动地去关心他人。

一味地责怪他人不关心自己而不知道关心别人的人，是永远也不会处理好人和人之间的相互关系的。"宽以待人"既是一种待人接物的态度，而且是一种高尚的道德品质，它能够化解人和人之间的许多矛盾，增强人和人之间的友好情感，有利于我们所从事的事业的共同发展。

雨果说："世界上最宽阔的是大海，比大海更宽阔的是天空，比天空更宽阔的是人的心灵。"那么吹毛求疵的人就需要好好学习这样的境界了。

以下是一些克服"吹毛求疵病"的方法，希望能对青少年有一些帮助。

1. 挑剔他人之前先反省自己。不要总是看着别人的缺点，先看看自己有没有什么缺点可以改进的。

2. 用宽容的心看待世界。完美并不存在，在生活中他人身上存在一些不尽如人意的地方是很正常的，你需要用一颗宽容的心去看待这一切。

3. 抱着一颗感恩的心。不要只记得自己的好，请你记得：你现在的一切，都是上天恩赐你的，都是你的福，你所做的一切不好的事，已经被时光遗忘，而你现在所要面对的，是一个全新的你！世界也是一个全新的世界，不管什么时候，太阳总是从东方升起！如果抱着感恩的心，你的未来会很美好！

# 第二十二章

## 豁达足能涵万物，狭隘不能容一沙

# 不要把有限的生命浪费在别人的生活里

一个人不顾自己的发展，只想着阻碍别人进步；一个人不顾自己的成功，却只关注别人的失败，这种狭隘心理是人性的一大缺陷。

狭隘心态的产生带有浓厚的个性化色彩，受个人生理、心理素质的控制和影响，同时受到个人文化教育程度、思想意识水平、道德修养高低以及个人的人生经历、生活经验的制约。心胸狭隘的人常常不自量力、妄自尊大。他们由于对自己或别人在某方面存在着很高的期望，一旦这种期望得不到满足，就对他人充满抱怨、嫉恨。这种心态会限制个人的发展，在人生的道路上设置障碍。

A和B毕业后一起来到广州闯天下。A很快就做成了一单大生意，被提拔为部门经理；B业绩很差，依旧是一个业务员，还是A的手下。

B心里非常不平衡，就去寺庙里找了一个和尚，希望能够通过他求得神明的帮助。和尚说：你等三年再看看。三年的漫长等待终于过去了，原本想看着A翻船的B看到的却是：A已经升为总经理了。这让B非常沮丧。和尚说：你再等三年看。又过了一个三年，B气急败坏地去见和尚：A已经自己当老板了。你这个秃驴到底有没有在帮我啊？这样忽悠人真不够厚道！

和尚很平静地说：我以为你会在这一个个三年里追赶他，却没想到你把所有的时间和心思全都浪费在了别人身上。在这六年内，A成了老板，我也从普通的和尚升为方丈了。我们都是自己，都为自己活着，监管着自己的责任，但你是谁？你在干什么？你痛苦地为A活着，监管着他的一切，不去做自己该做的事情，现在这个结果是注定的。

一年之后，B一路狂喜着来找和尚：和尚你不对，A公司破产了，他已经进了监狱。面对 B 的幸灾乐祸，和尚无比悲悯地看着他：你丢掉的不止是地位、金钱和面子，你丢掉的是你自己啊。A 即使破产了、坐牢了，他还是他自己啊！

三年后，A 通过在服刑期间的彻底思索，写出了一本轰动一时、影响很大的畅销书。提前出狱后，A 到处签名售书，红得发紫。B 看着电视上风光无限的 A，心里很不是滋味。经过痛苦的沉淀之后，他给和尚发了一条短信：我终于相信命运了，是 A 的命好，即使坐牢也能捞到一大桶金。

和尚给他回了信息：阿弥陀佛，你还没找到自己。

B 就这样把自己给弄丢了。但在现实生活中，把自己弄丢的人又何止 B 一个人呢？他们不好好工作，总是把有限的生命浪费在别人的生活里，浪费在思考别人的世界里。过度关注别人学习的好坏、工作的优劣、穿着的考究，对别人的成功眼红、嫉妒，对于别人的灾难幸灾乐祸、落井下石，甚至不惜拉帮结伙搞分裂，却忘记了自己才是最重要的，忽略了对于自己最重要的事情。其实，别人怎样永远比不上自己怎样重要，宽广的心胸决定了一个人成就的卓越。做好自己的事才是最重要的，自己的前程是由自己争取来的，并不会因为别人的优秀或拙劣而有丝毫的改变。

思考别人多了，就没有时间来思考自己了，就会丧失做别的事情的机会了。自己活得怎样才是最重要的，如果不努力学习、工作，即使你的"眼中钉"垮了，还会有千千万万个"眼中钉"站起来把你淹没。

人生的命运往往取决于你自己的努力程度，别人的失败掩盖不了你的不优秀。只有把自己做好了，才是最理直气壮的事情，才是最值得骄傲的事情，所以，还是打开心胸，把时间多放在自己的身上。对手和假想敌并不是敌人，他们是我们奋斗的目标、学习的榜样，只有朝着优秀的人看齐，踏实走好自己的每一步路，认真做好自己的每一份工作，才能同别人一样站在成功的巅峰之上笑傲江湖！

# 穿别人的鞋走自己的路

狭隘的人用一层厚厚的壳把自己严严实实地包裹起来，生活在自己狭小冷漠的世界里。他们处处以自我利益为核心，无关爱之情，无恻隐之心，不懂得宽容、谦让、理解、体贴、关心别人。他们往往把自己的幸福建立在别人的痛苦之上，牺牲别人的利益来得到自己的利益，干一些损人不利己的事。狭隘的人往往同时是目光短浅的人，无法看到更长远的事物。

贝尔太太是美国一位有钱的贵妇，她在亚特兰大城外修了一座花园。花园又大又美，吸引了许多游客，他们毫无顾忌地跑到贝尔太太的花园里游玩。年轻人在绿草如茵的草坪上跳起了欢快的舞蹈；小孩子扎进花丛中捕捉蝴蝶；老人蹲在池塘边垂钓；有人甚至在花园当中支起了帐篷，打算在此度过他们浪漫的盛夏之夜。贝尔太太站在窗前，看着这群快乐得忘乎所以的人们，看着他们在属于她的园子里尽情地唱歌、跳舞、欢笑。她越看越生气，就叫仆人在园门外挂了一块牌子，上面写着：私人花园，未经允许，请勿入内。可是这一点也不管用，那些人还是成群结队地走进花园游玩。贝尔太太只好让她的仆人前去阻拦，结果发生了争执，有人竟拆走了花园的篱笆墙。

后来贝尔太太想出了一个绝妙的主意，她让仆人把园门外的那块牌子取下来，换上了一块新牌子，上面写着：欢迎你们来此游玩，为了安全起见，本园的主人特别提醒大家，花园的草丛中有一种毒蛇。如果哪位不慎被蛇咬伤，请在半小时内采取紧急救治措施，否则性命难保。最后告诉大家，离此地最近的一家医院在威尔镇，驱车大约50分钟即到。

这真是一个绝妙的主意，那些贪玩的游客看了这块牌子后，对这座美丽的花园望而却步了。可是几年后，有人再往贝尔太太的花园去，却发现那里因为园子太大，走动的人太少而真的杂草丛生，毒蛇横行，几乎荒芜了。孤独、寂寞的贝尔太太守着她的大花园，非常怀念那些曾经来她的园子里玩得快乐的游客。

贝尔太太用一块牌子为自己筑了一道特别的"篱笆墙"，随时防范别人的靠近。但结果是，狭隘使庄园杂草丛生，使她远离快乐。

狭隘的人就像契诃夫笔下的装在套子中的人一样，把自己严严实实包裹起来，因此很容易陷入孤独与寂寞之中。其实，我们每个人心中都有一座美丽的大花园。如果我们不再狭隘，能够把自己的花园贡献出来，与别人分享，那么别人的花种也会飘落在我们的花园里，别人的花香也会分给我们一部分，你就不会因为一片荒凉而满心忧伤了。

## 打开心胸，才能自由翱翔

狭隘常常表现为不能容忍不利于自己的议论和批评，更不能受到丝毫的委屈和无意的伤害，否则就会斤斤计较、耿耿于怀。狭隘也常常表现为吝啬小气、吃不得亏，否则心里就不平衡，就会想方设法弥补"受损"的利益。

狭隘通常在牵涉到自尊心或利益得失的人际交往中明显地表现出来：或者是受到了轻视和蔑视，或者是受到了奚落和捉弄，或者是受到了指责和批评，或者是受到了误解和委屈，或者是受到了讥讽和嘲笑，或者是在利益上受到了损失、吃了亏，或者是在名誉上受到了打击、下不了台……无论这些情景的发生是有意的，还是无意的甚至是善意的，也无论是必然的、可以理解的、合理的，还是偶然的、纯属开玩笑的，狭隘者狭隘的心胸、狭小的气量都会随时随地显露出来，使人感到难以与其相处。

生活中，心胸狭窄的人成就小事情也许是可能的，但要想干一番宏图伟业微乎其微。所以，只有打开心胸，你才能自由翱翔于人生的天空。

对于青少年朋友们来讲，克服狭隘、开阔心胸，既能增长见识开阔视野，也有助于生活丰富多彩，不再单调。心理学专家建议，青少年要克服狭隘的心理弱点可以采取以下方法：

1. 放开心胸，着眼大局。把眼光放远、心胸拓宽，事事从长远考虑，处处以集体为重，接受对整体、全局有利的人与事。抛开"自我中心"，遇事不要斤斤计较，"心底无私"才能"天地宽"。

2. 充实知识。人的气量与人的知识修养有密切的关系。有句古诗说："曾经沧海难为水，除却巫山不是云。"一个人知识多了，立足点就会提高，视野也会相应开阔，此时，就会对一些"身外之物"拎得起、放得下、丢得开，就会"大肚能容，容天下能容之物"。当然，满腹经纶、气量狭隘的人也有的是，但这不意味着知识有害于修养，而只能说明我们应当言行一致。培根说："读书使人明智。"经常读一些心理健康方面的书籍，对于开阔自己的胸怀，收益当不在小。

3. 开阔视野。狭隘的人，不仅生活在一个狭窄的圈子里，而且他知识面非常狭窄。因此，开阔视野很重要。如青少年应多参加一些社会公益活动，参观一些伟人、名人纪念馆，听英雄人物事迹报告会等。这能使我们在亲身经历中顿悟很多人生道理。丰富课余文化生活，组织多种多样的文娱、体育活动，拓宽兴趣范围，使自己时刻感受到生活、学习中的新鲜刺激，感受到生活的美好，陶冶性情，从而在健康向上的氛围中增强精神寄托，消除心理压力。

4. 丰富课余文化生活。参与多种多样的文娱、体育活动，拓宽兴趣范围，在丰富多彩的活动中，在彼此广泛的交往中，感受生活、学习中的新鲜刺激，感受到生活美好，增强审美情趣，陶冶性情，净化心灵。在健康向上的氛围中，增强精神寄托，丰富心理内容，塑造良好的个性品质。

5. 加强交往，摆正自我位置。多参加集体活动，比如郊游、问题讨论等，增加与同学、老师、家长、社会间的交流，扩大交际面，加深与外界的了解与沟通，更透彻地了解别人与自己。另外，对不同的人有不同的认识，从而积累经验，从中明白对与错的道理。

# 第二十三章

## 事不关己，高高挂起

# 拆除冷漠的心墙

在当今社会里，人们之间的交流越来越少，也越来越冷漠，更谈不上彼此的爱护和快乐的分享。一堵无形的心墙拉开了人与人之间的距离。

一位建筑大师阅历丰富，一生杰作无数，但他自感最大的遗憾就是把城市空间分割得支离破碎，而楼房之间的绝对独立加速了都市人情的冷漠。大师准备过完 65 岁寿辰就封笔，而在封笔之作中，他想打破传统的设计理念，设计一条让住户交流和交往的通道，使人们不再隔离而充满大家庭般的欢乐与温馨。

一位颇具胆识和超前意识的房地产商很赞同他的观点，出巨资请他设计。图纸出来后，果然受到业界、媒体和学术界的一致好评。

然而，等大师的杰作变为现实后，市场反应非常冷漠，乃至创出了楼市新低。

房地产商急了，急忙进行市场调研。调研结果出来后，让人大跌眼镜：人们不肯掏钱买这种房的原因竟然是嫌这样的设计使邻里之间交往多了，不利于处理相互间的关系；在这样的环境里活动空间大，孩子们却不好看管；还有，空间一大人员复杂，对于防盗的事情也是十分不利……

大师没想到自己的封笔之作会落得如此下场，心中哀痛万分。他决定从此隐居乡下，再不出山。临行前，他感慨地说："我只认识图纸不认识人，是我一生最大的败笔。"

其实这怎么能怪大师呢？我们可以拆除隔断空间的砖墙，谁又能拆除人与人之间厚厚的心墙呢？

心墙不除，人心会因为缺少氧气而枯萎，人会变得忧郁、孤寂。爱是医治心灵创伤的良药，爱是心灵得以健康生长的沃土。爱，以和谐为轴心，照射出温馨、甜美和幸福。爱把宽容、温暖和幸福带给了亲人、朋友、家庭、社会。

在与人交往时，将心窗打开，用阳光来融化心中的寒冰，把你的爱心给你的朋友、同事和亲人。那么，当你陷入困境时，你会得到许多充满爱心的关怀和帮助。

冷漠是人性的弱点，更是一种罪恶。让我们远离冷漠，享受有阳光的世界吧。

## 真诚地关心别人

如果你要别人喜欢你，或是改善你的人际关系，如果你想帮助自己也帮助他人，请记住这个原则：真诚地关心别人。

有两个重病人同住在一间病房里。房子很小，只有一扇窗子可以看见外面的世界。其中一个病人的床靠着窗，他每天下午可以在床上坐一个小时。另外一个人则终日都得躺在床上。靠窗的病人每次坐起来的时候，都会描绘窗外的景致给另一个人听。

从窗口可以看到公园的湖，湖内有鸭子和天鹅，孩子们在那儿撒面包片、放模型船，年轻的恋人在树下携手散步，人们在绿草如茵的地方玩球、嬉戏，上面则是美丽的天空。

另一个人倾听着，享受着每一分钟。一个孩子差点跌到湖里，一个美丽的女孩穿着漂亮的夏装……

室友的诉说几乎使他感觉到自己亲眼目睹了外面发生的一切。在一个晴朗的午后，他心想：为什么睡在窗边的人可以独享外面的风景呢？为什么我没有这样的机会？他越是这么想，越觉得不是滋味，就越想换位子。

这天夜里，他盯着天花板想着自己的心事，另一个人忽然醒了，拼命地咳嗽，一直想用手按铃叫护士进来。但这个人只是旁观而没有帮忙——他感到同伴的呼吸渐渐停止了。

第二天早上，护士来时那人已经停止了呼吸，他的尸体被静静地抬走了。

过了一段时间，这人开口问护士，他是否能换到靠窗户的那张床上。他们搬动他，将他换到了那张床上，他感觉很满意。人们走后，他用肘撑起自己，吃力地往窗外张望……

窗外只有一堵空白的墙。几天之后，他在自责和忧郁中死去。他看到的不仅是一堵冷漠的墙，还有自己心灵的丑恶。

冷漠是来自人灵魂深处的丑恶。人活在世界上，最重要的不是被爱，而是要有爱人的能力。如果不懂得爱人，又如何能为人所爱呢？朋友，丢掉你的冷漠，打开你尘封的心，释放心中的爱吧！

有时候，我们的过错并不在于我们做了什么错事，而是我们什么都没有做。当我们的心灵变得冷漠时，这个世界也就失去了爱的力量。而爱是能够超越所有的困难和障碍的，失去它，世界就会从此沉沦，无法挽救。所以，不论什么时候，请你一定要满怀爱心。

## 用爱的暖流去消融冷漠

1935 年，时任纽约市长的拉古迪亚，在一个位于纽约贫民区的法庭上，旁听了一桩面包偷窃案的审理。被控罪犯是一位老妇人，被控罪名为偷窃面包；在讯问到她是否清白、或愿意认罪时，老妇人嗫嚅地回答道面包只是为了填饱孙子的肚子。

后来宣判老妇人需要受到 10 天的拘留，这时，市长站起来，请求每人交出 5 美分的罚金，为彼此的冷漠付费，以处罚我们生活在一个要老祖母去偷面包、来喂养孙子的城市与区域。

市长让市民为自己的冷漠付费，而我们又该如何为我们的冷漠付费呢？青少年应该学习如何消融冷漠，用热情去温暖世间。

1．用心去培养热情，对每件事情都要感兴趣，有热情，学习那些你认为自己会不感兴趣的东西，培养起兴趣，就会驱赶冷漠。

2．与人交往要用心，不要应付了事，只有用心交往，才能交到朋友，才能从朋友的友谊中感受到温暖，从而不至于冷漠。

3．暗示自己要走向群体，并且不断对自己进行鼓励，好让自己不因为害羞而躲起来。

4．走进大自然，消融冷漠。孤独、冷漠时，不妨骑上自行车去郊外转一圈，呼吸一下新鲜空气，让它消除胸中的苦闷和忧郁。

5．用艺术融化内心的坚冰。

# 第二十四章

## 吝啬鬼永远处于贫困中

## 不要吝啬你的援助，善于积累滴水之恩

经过一轮复一轮的筛选后，五个来自不同地方的应聘者终于从数百名竞争对手中，像大浪淘沙一般脱颖而出，成为进入最后一轮面试的佼佼者。

这五个人，可以说都是各条道路上的"英雄好汉"，彼此各有所长，势均力敌，谁都可以胜任所要应聘的工作。也就是说，谁都有可能被聘用，同时谁都有可能被淘汰。正是因为这样，才使得最后一轮的角逐更加具有悬念，更加显得激烈和残酷。

张明虽然身居众高手当中，但心里相对还是比较踏实的。因为凭他在初试、复试、又复试、再复试中过关斩将那股所向披靡的势头，他想自己获胜是绝对没有问题的。于是，胜利的自信和成功的愉悦提前写在了他的脸上。

按照公司的规定，他们要在那天早上九点钟准时到达面试现场。面对如此重要的机遇，不用说，他们当中不仅没有人迟到，还都不约而同地提前半个多小时就赶到了。距面试时间还早，为了打破沉寂的僵局，他们还是勉强地聚在一块儿闲聊了起来。面对眼前这些随时会威胁自己命运的对手，在交谈中彼此都显得比较矜持和保守，甚至夹着丝丝的冷漠和虚伪……

忽然，一个青年男子急急忙忙地赶来了。他们都惊奇地看着他，因为在前几轮面试中谁都不曾见过他。

他似乎感到有些尴尬，主动迎上前自我介绍说，他也是前来参加面试的，由于太粗心，忘记带钢笔了，问他们几个是否带了，想借来填写一份表格。

他们面面相觑。张明想，本来竞争就够激烈的了，半路还杀出一个"程咬金"来，岂不是会使竞争更加激烈吗？要是都不借笔给他，那不就减少了一个竞争对手，从而加大了自己成功的可能？他们几个有心灵感应似的你看着我、我看着你，没有人出声，尽管他们身上都带着钢笔。

稍后，青年男子看到张明的口袋里夹了一支钢笔，眼前立刻掠过一丝惊喜："先生，可以借给我用用吗？"张明立刻手足无措，慌里慌张地说："哦……我的笔……坏了呢！"

这时，张明他们五人中有一个沉默寡言的"眼镜"走了过来，递过一支钢笔给他，并礼貌地说："对不起，刚才我的笔没墨水了，我掺了点自来水，还勉强可以写，不过字迹可能会淡一些。"

青年男子接过笔，十分感激地握着"眼镜"的手，弄得"眼镜"感到莫名其妙。张明他们四个则轮番用白眼瞟了瞟"眼镜"，不同的眼神传递着相同的意思——埋怨、责怪，因为这样又增加了一个竞争对手。奇怪的是，那个后来者在纸上写了些什么就转身出去了。

一转眼，规定的面试时间已经过去20分钟了，面试室却仍旧丝毫不见动静。他们终于有些按捺不住了，就去找有关负责人询问情况。谁料里面走出来的却是那个似曾相识的面孔："结果已经见分晓，这位先生被聘用了。"他搭着"眼镜"的肩膀微笑着说道。

接着，他又不无遗憾地补上几句："本来，你们能过五关斩六将来到这儿，已经很难能可贵了。作为一家追求上进的公司，我们不愿意失去任何一个人才。但是很遗憾，是你们自己不给自己机会啊！"

张明他们这才如梦初醒，可是已经太迟了。吝啬的他们只因为这么一点小事，丢掉了马上就可以得到的职位；"眼镜"却由于他的无私，成了这次应聘中唯一的幸运儿。

有时，别人所求于你的，往往对你是微不足道的，而对他而言意义重大。你给了，虽然有点儿细小的损失，却得到了一颗感恩的心；你不给，虽然自己毫发无损，却在别人的心里种下了仇恨的种子。俗话说，"滴水之恩，当涌泉相报"。古人之所以看重滴水之恩，是里面透露了一种人生的智慧。因为滴水之恩往往来自于陌生人，给予这种恩惠，是人家的好意；不给，也是无可厚非的事情。因此，滴水之恩，往往是更为值得珍视的恩情。

生活中有人称吝啬的人为"一毛不拔""铁公鸡"，这只说明了吝啬行为的一个表象，实质上吝啬者的吝啬来自于他们内心的冷漠，他们过分看重自己的财物，甚至可以为了蝇头小利而六亲不认。然而，当他们抱着自己辛苦守下来的"财富"时，也许那时才会发现，自己才是真正的贫穷。

# 金钱不是万能的

不知从什么时候开始，人们嘴里聊天的内容多了许多关于金钱、地位的字眼。有些人甚至成了拜金主义者、唯利主义者，在他们看来，别的什么都无所谓，钱才是好东西，再多也不怕被压趴下。为了钱，为了私利，有的人可以不择手段，甚至不惜犯法，铤而走险。殊不知，有的东西是金钱买不到的，甚至金钱多了会是一件令人烦恼的事情。

金钱可以带来财富、名誉以及享受不尽的荣华富贵，但是懂得享受生活的人不在乎自己有多少金钱，多可以过，少一样可以过，问题在于自己能否处处感悟到生活。享受金钱带来的幸福的人会感觉人生是无限美好的，于是越活越有劲儿。

美国石油大王洛克菲勒出身贫寒，在他创业初期，人们都夸他是个好青年。当黄金像贝斯比亚斯火山流出的岩浆似的流进他的口袋里时，他变得贪婪、冷酷。深受其害的宾夕法尼亚州油田附近的居民对他深恶痛绝。有的受害者做出他的木偶像，亲手将"他"处以绞刑，或乱针扎"死"。无数充满憎恶和诅咒的威胁信涌进他的办公室。连他的兄弟也十分讨厌他，而特意将儿子的遗骨从洛克菲勒家族的墓地迁到其他地方，他说："在洛克菲勒支配下的土地内，我的儿子变得像个木乃伊。"

由于洛克菲勒为金钱操劳过度，身体变得极度糟糕。医师们终于向他宣告了一个可怕的事实，以他身体的现状，他只能活到50多岁，并建议他必须改变拼命赚钱的生活状态，他必须在金钱、烦恼、生命三者中选择其一。这时，离死不远的他才开始醒悟到是贪婪的魔鬼控制了他的身心，他听从了医师的劝告，退休回家，开始学打高尔夫球，上剧院去看喜剧，还常常跟邻居闲聊，经过一段时间的反省，他开始考虑如何将庞大的财富捐给别人。

于是，他在1901年，设立了"洛克菲勒医药研究所"；1903年，成立了"教育普及会"；1913年，设立了"洛克菲勒基金会"；1918年，成立了"洛克菲勒夫人纪念基金会"。他后半生不再做钱财的奴隶，他喜爱滑冰、骑自行车与打高尔夫球。到了90岁，他依旧身心健康，日子过得很愉快。他逝世于1937年，享年98岁。他死时，只剩下一张标准石油公司的股票，因为那是第一号，其他的产业都在生前捐掉或分赠给继承者了。

总而言之，你如果要做一个快乐的人，一定要记住：金钱不是万能的，只是用来达到目的的一种工具罢了。若你只知道赚足自己的钱包而不顾别人死活，甚至为金钱不顾亲情、友情和道义，那将是一种多么枯燥的生活。也许你能买到宫殿，买到豪华游轮，但你买不到宫殿里亲人的欢笑，买不到海上的怡人风景，买不到朋友之间畅饮的淋漓。

# 赠人玫瑰，手有余香

俗语说："赠人玫瑰，手有余香。"学会付出是美好人性的体现，同时是一种处世智慧和快乐之道。学会分享、给予和付出，你会感受到不求获得的快乐，没有奢望的富足。全心全意地为别人，没有物质的诱惑，也没有贪婪的支配，就这样无私地感受这来自生活的快慰。反之，如果你只想到自己的得失利弊，只想收获，不想付出，那么你必然会被自己的私欲局限，从而在焦虑中彷徨。

吝啬并不能给吝啬者带来愉快。吝啬者的生活是最不安宁的，他们整天忙着挣钱，最担心的是丢钱，唯恐盗贼将他的金钱全部偷走，唯恐一场大火将其财产全部吞噬掉，唯恐自己的亲人将它全部挥霍掉，因而整天提心吊胆、坐立不安，当然永远不会快乐。

吝啬对人生的负面影响很大，每一个有此缺点的人都应自觉加以克服。下面提供几种方法。

1. 要时常反思自我。吝啬之人在人际交往中对自己的吝啬举止不会一点感觉都没有，也不会因别人对自己吝啬的成见而有一点感觉。把自己与周围的朋友、同人比一比，想想自己干吗这么克扣自己、克扣他人，就应该明白，人活在世上，钱不是唯一的目的，除钱外，亲情、友谊、快乐同样重要。

2. 寻找精神上的依托。吝啬的人，应该培养对人类美好未来的信仰，要在精神上有所依托，学会宽容，有怜悯心，多做一些好事，渐渐克服吝啬的毛病。

3. 尝试从给予中享受兴趣。尝试着去给街上可怜的乞丐一角钱，或者将盲人从马路对面领过来，或者给你的朋友买一个小礼物，你会发现虽然占有钱财也有快乐，但那种快乐是被人白眼视之的快乐；而你给予的那种快乐，既愉悦了自己，同时也愉悦了别人。

# 第二十五章

## 意志薄弱让自己变成自己的敌人

# 意志力决定一个人能走多远

我们奋斗在人生的旅程中，不应轻易服输，相信只要自己努力就没有什么战胜不了的。然而很多时候，面对恶劣的环境，面对天灾人祸，面对尔虞我诈，是我们在心理上先否定了自己，是我们自己选择了放弃，选择了失败。

意志力的强弱决定了我们的人生如何行进。一个有着坚强意志力的人，便有无穷的力量。不论做什么事情都要有坚强的意志力，应当坚信任何事情只有付出极大的努力才能获得成功。

利用人性中薄弱的一环，让自己成为自己的敌人，并将自己打倒，把自己杀死，这是一件残酷的事。

有一个人生性残忍，是国王手下出了名的刽子手，因为他总是喜欢用各种各样的怪方式来折磨死刑犯。

一位犯人被告知明天将被处以极刑，行刑的方式是在他手臂上割一个口子，让他流尽鲜血而亡。犯人哀求刽子手给一个痛快的结果，但刽子手置之不理。

第二天，犯人被带到一个房间中，锁在一面墙上，墙上有个小孔，刚好可以穿过一只手。刽子手把他的一只手从孔中穿过去，固定在墙的另一边，用刀子在他的手上割开一个口子，在手下边还放着一个瓦罐来盛血。

犯人只感到自己手臂上一痛，眼睛一闭，心里哀叹这次是完了。"滴答，滴答……"

血开始一滴滴地滴在瓦罐中，四周静极了。犯人就这样静静地听着自己的血滴在瓦罐中，他感觉到自己的血液一点点地从手臂上的那个伤口涌出，越来越快地流进瓦罐。不一会儿，他的意志随着血流走了，他无力地倒下来——死了。

其实，在墙的另一边，他手上的那个口子早就不流血了，刽子手在身边的桌子上放着一个大水瓶，水瓶中的水正通过一个特制的漏斗软管往下边的瓦罐中滴，那致命的"滴答"声就是水滴进瓦罐的声音。

人生最大的痛苦不是肉体上的痛苦，而是施加在精神上的痛苦。这种痛苦是最残酷的，它是由人给自己制造一种莫须有的危机并通过心理上的不断强化来加重危机的力量，直到最后把自己的意志压垮，使自己完全崩溃。这种利用人性中薄弱的一环制造紧张气氛、把自己摧毁的做法是残酷的。

故事中的这个刽子手深谙人性，懂得利用心理危机来摧毁犯人的意志力。所以说，生命和希望常相伴随，有时候，两个人的较量实际是意志的较量，坚持下去的一方才是胜者。"狭路相逢勇者胜。"

任何时候，千万不要像犯人那样动摇你的意志力。

意志具有坚韧性，这是意志的一种品质。与坚韧相反的是，意志也具有动摇性，有动摇性的人，缺乏恒心和毅力，在困难和挫折面前极易退却，以致放弃对目标的追求和对自身价值与自由的坚守。意志动摇的人就像犯人那样，最终会变成生活中的弱者。

无论面临多少艰难曲折，绝不可放弃成功的志向和希望。

## 苦难是人生的必修课

通往梦想的路，很少一帆风顺，但只要不放弃，就一定能够抵达目的地。考试不及格，你可以努力；没有进入决赛，你可以把它当成对自己的一场演习；在同学面前出了丑，更没关系，就当活跃气氛吧。在梦想之路上，学会追求下去，努力下去，成功，最终会属于你！

青少年初出茅庐，碰壁总是难免的，如果就因为一点小小的挫折，便放弃未来，那是十分可惜的。所以，要想成就事业，青少年们首先要增强意志力，薄弱的意志力是青少年成才的阻碍，只有坚强的意志，才使得青少年一步步成长起来，最终成功。

"钢琴王子"郎朗就是这样历练起来的。21岁时，他就被美国著名的青少年杂志《人物》评选为"20位将改变世界的年轻人"之一；22岁，在报道过唯一的中国人——邓小平的美国CBS电视台播出了他的专题；23岁时，他在维也纳金色大厅创下音乐会最高票房纪录。

提到郎朗，人们的脑海中就会不自觉地浮现出黑白琴键，郎朗已然成了人们心中钢琴的化身。他取得今天的成就并不是一帆风顺，其间经历了无数的挫折和磨难。想想看，9岁的你曾遇到过最严峻的考验是什么？背不出课文，在同学面前出丑？还是输了篮球，再也无缘决赛？当你为这些问题彷徨的时候，郎朗正站在人生的关口，经受着与他那个年龄极不相称的考验。

事情是这样的，9岁那年，为了让郎朗在钢琴上得到更好的教育，父亲带着他来到北京，准备报考中央音乐学院附小。父亲辗转周折，终于打听到一位很有名气的老师，于是诚恳地对那位老师说："郎朗从小就对音乐很感兴趣，希望您能指导指导他，给他一些帮助。"没想到那位老师听了郎朗的演奏后，却摇着头说："这哪是弹琴，根本就是东北人种土豆。"父亲急了，连声问道："不会吧，老师，真有这么差吗？难道就没有其他办法了？"老师再次无奈地摇了摇头说道："你儿子反应迟钝、缺少灵气，他不是学这个的料，还是早点回去吧。"

在一心一意备战考试的时候听到这番话，郎朗失望至极，他在心里一遍又一遍地问自己："我真的这么差吗？我真的没有希望了吗？"无情的打击让他一时对弹琴变得冷淡。

面对灰心丧气的郎朗，父亲急得一夜白发，极度伤心之下，他对郎朗说："现在摆在你面前的只有三条路，一是吃药自杀，咱们都不活了；二是跟我回沈阳，从此不再碰钢琴；三是继续学下去。你自己好好想想，明天告诉我！"听到父亲的话，郎朗愣住了，他不知道父亲为何这般绝情，更不知道自己究竟该何去何从。

一边是老师无情的打击，一边是还未实现便面临夭折的愿望，到底该如何选择？只有9岁的郎朗陷入了困惑。

经过千百遍的徘徊和思考，虽然9岁的孩子似乎还不能深刻地理解什么叫"坚持不懈"，但那颗梦想的种子还是在郎朗心里蠢蠢欲动，对音乐的热爱和追求终于占了上风，郎朗顿然醒悟："我的生命就是为音乐而生，我不能放弃！"

于是，郎朗更加忘情地投入到练习中去，用钢琴来化解自己对梦想的怀疑，仿佛把自己的灵魂也幻化成了那一格格让他魂牵梦萦的黑白琴键。无数个日夜过去，郎朗终于以第一名的成绩考入了中央音乐学院附小，以此开始了他辉煌的人生之旅。

当你碰到困难时，不要把它想象成不可克服的障碍。因为，在这个世界上没有任何困难是不可克服的，只要你敢于扼住命运的咽喉。

困难，在不屈的人们面前会化成一种礼物，这份珍贵的礼物会成为真正滋润你生命的甘泉，让你在人生的任何时刻，都不会轻易被击倒！

困难，是旅途中的一道风景线，人生不可能永远一帆风顺，人生旅程中，如同穿越崇山峻岭，时而风吹雨打，困顿难行，时而雨过天晴，鸟语花香。当苦难来临时，有的人自怨自艾，意志消沉，一蹶不振；而有的人不屈不挠，与苦难作斗争，成为生活的强者。

苦难是人生的必修课，强者视它为垫脚石。

# 物竞天择，坚强者胜

物竞天择，只有强者才能在竞争激烈的自然界中生存下去。人生的路是漫长的，任何人都不可能永远陪伴在你身边，代替你面对外面的风雨，别人的帮助只能满足你的一时之需，只有自立自强，才能不惧怕任何困难。

因为当风险和困难来临时，最能帮助得了你的，只有你自己。

如果你要选择成功，那么，你同时要选择坚强。因为一次成功总是伴随着许多失败，而这些失败从不怜惜弱者。没有铁一般的意志，就不会看到成功的曙光。生活告诉我们，怯懦者往往被灾难打垮、吓退，坚强者则大步向前。请记住这句格言："勇气只是多跨一步超越恐惧。"

意志的坚忍性是和个人能克服各种主客观因素的干扰分不开的。意志力并非是生来就有或者不可能改变的特性，它是一种能够培养和发展的技能。

莎士比亚曾经写下的一句话："当太阳下山时，每个灵魂都会再度诞生。"

再度诞生就是你把失败抛到脑后的机会。恐惧、自我设限以及接受失败，最后只会像诗中所说的，使你"困在沙洲和痛苦之中"。你完全可以借着你的顽强来克服这些弱点，你要在你的心里牢记：每一次的逆境、挫折、失败以及不愉快的经历，都隐藏着成功的契机，上帝就是利用失败及打击来让我们变得更加顽强，从而能真正承担我们活着的使命。

培养意志力有以下三大辅助手段：

1. 自我激励，激发自己，鼓励自己。充实动力源，使自己的精神振作起来。这样能够培养意志力，让人激发信心和欲望。

2. 忍受失败。意志力薄弱的人难以忍受失败，失败在他们看来是不可接受的，那样会让他们遭受沉重的打击，但失败是人生必经的阶段。所以，要想培养坚强的意志力，只有学会接受失败才行。

3. 自我暗示，是培养意志力的很好手段，给自己良好积极的暗示，让自己有一个好心态十分重要。对一个人来说，可能发生的最坏的事情莫过于他的脑子里总认为自己生来就是个不幸的人，所以，能够对自己进行一些积极的暗示，十分重要。

# 第二十六章

## 取信于人，而不轻信于人

## 谣言止于智者

俗话说"人言可畏"。即是说别人对你个人的说法、议论是十分恐怖的。无中生有的议论和谗言，会使你黑白难分。其实，最高明的办法就是坦然处之，冷静对待。

1952 年，尼克松参加了艾森豪威尔的总统竞选班子。就在这时，有人揭发：加利福尼亚的某些富商以私人捐款的方式暗中资助尼克松，而尼克松将那笔钱据为己有。尼克松据理反驳，说那笔钱是用来支付政治活动开支的，自己绝没有据为己有。但是，艾森豪威尔要求他的竞选伙伴必须"像猎狗的牙齿一样清白"，于是准备把尼克松从候选人名单中除去。

在 1952 年 10 月的一天晚上，10 点 30 分，全国所有的电视台都将各自的镜头、话筒对准了尼克松，他不得不通过电视讲话解释这件事，为自己的清白辩护。

尼克松在讲话中并没有单刀直入地为自己辩护，而是多次提到他的出身如何卑微，如何凭借自己的勇气和勤奋工作才得以逐步上升的。这合乎美国竞争面前人人平等的国情，博得了国民的同情。说着说着，他话题一转，似乎是顺便提起了一件有趣的往事，他说道："在我被提名为候选人后，的确有人给我送来一件礼物。那是在我们一家人动身去参加竞选活动的当天，有人寄给了我家一个包裹。我前去领取，你们猜是什么东西？"尼克松故意打住，以提高听众的兴趣。"打开包裹一看，是一个箱子，里面装着一条西班牙长耳朵小狗，全身有黑白相间的斑点，十分可爱。我那六岁的女儿特莉西亚喜欢极了，就给它起了一个名字，叫'棋盘'。大家知道，小孩子都是喜欢狗的。所以，不管人家怎么说，我打算把狗留下来……"

事后，美国的一份娱乐杂志把这次"棋盘演说"嘲讽为花言巧语的产物。好莱坞制片人达里尔·扎纳克则说："这是我从未见过的最为惊人的表演。"

尼克松当时还以为自己失败了，为此还流了不少眼泪。可最后事情的发展完全出乎大家的意料，成千上万封赞扬他的电报涌进了共和党全国总部，他因为表现出色而最终被留在了候选人的名单上。

生存于一个团体之中，无论你如何做人，也无法让每一个人都满意，更何况是有利益纷争的时候呢？出于种种原因，对我们不利的谣言就来了，有攻击我们能力的，也有诽谤我们的信誉和人格的。

谣言很多，常常令我们身陷被动的境地。怎么处理它成为每个人关心的问题，其实对于身陷谣言旋涡中的人来说，最需要的是冷静的头脑，而非沮丧的心情和失望的愤怒。他人对我们造谣的动机各种各样，但无论是出于嫉妒还是别的阴谋，我们都要保持冷静，绝不能被谣言的制造者打倒。

冷静是卓越的基础，只有冷静才能让自己不乱方寸，在谣言的旋涡中站住脚，以便伺机出手反击。所以，谣言并不可怕，冷静思考是我们对待谣言的最好处理办法。

# 用独立思考拆穿花言巧语

一只掉进深井的狐狸，因为想不出逃脱的方法，所以就像囚犯般地被关在井底。此时，有一只山羊因为禁不住口渴而走到井边。当它看到井里的狐狸，于是问狐狸井水的味道是否良好。狐狸以欢欣的态度掩饰悲惨的处境，极力夸赞水质之优美并鼓励山羊下到井底。山羊只顾及口渴，而不假思索地往井里跳。

等到山羊解渴后，狐狸告诉它目前它们所共同面临之困境，并提议脱困的方法。狐狸说："你把前脚放在墙上，头部低俯。我跳到你的背上，便可爬出这口井，然后帮助你脱困。"山羊一接纳狐狸的这个建议，狐狸立刻一跃登上山羊的背，抓住山羊的两只角，稳步地爬到井口，然后拔腿就跑。山羊痛骂狐狸毁约，狐狸则转身大叫："老笨蛋！假如你的头脑能像你的胡须那样多，你将不会在摸清出路之前，就纵身往井里跳，也不会让自己置于无法逃脱的困境中！"

的确，自己不进行独立思考，却凡事按照别人的意见去办，最后只能自己承担苦果。如果你随便采纳别人的意见，有人会高兴，但是高兴的不是你。一个毫无主见的人只能接受被人欺骗的命运，一个轻信的人同样只能接受失败的苦果。

歌德说："我让旁人去嘀咕，自己却干自己认为有益的事。我巡视了自己领域中的事，认清了我的目标。"面对说谎的人，最好的办法是懂得独立思考，不被他们的花言巧语迷惑。

有一天，丰臣秀吉听说松蘑获得了好收成，于是突然提出要去亲自采集松蘑。家臣们听后，甚是为难，因为时令早已过，松蘑早被采光了。怎么办呢？家臣想了个主意：头一天晚上，他们在一片地里到处插上松蘑。

第二天，秀吉来采松蘑时，一看松蘑满地，赞叹道："太好了！多么令人陶醉的一片松蘑啊！"这时，有个投机钻营的家臣悄悄向他告密："殿下，他们骗你哪！那些松蘑是昨天夜里才插上的……"周围的家臣一看有人告密，顿时吓得面色苍白，魂不附体。他们知道，秀吉这个人对不忠诚的人向来是严惩不贷。可是这回，秀吉转身对大家笑着说："刚才，我已经看出了这片松蘑长得奇怪，可这是大家为了满足我的愿望而表示的一片心意。看到好久没有看到的松蘑，勾起了我对往昔农村生活的怀念，我很高兴！为了表示我的谢意，这些松蘑大家拿去品尝吧！"

丰臣秀吉是明智之人，他没有被"谗言"左右，反而领受了大家的善意及良苦用心。

人世间，绝大多数人是真诚和善良的，但也确有一些虚伪和刁滑的丑类。那种为了个人的私利而在朋友间施用离间之术，借以挑拨离间彼此团结的龌龊之辈，就是这些无耻丑类的一种。这种人总是特别善于见缝插针，恨不得早一点置别人于死地。他们为了达到某种目的，甚至会造谣生事，态度恶劣而卑鄙。所以，对于我们自己来讲，一定要力避轻信的误区，做一个有主见、不信谗的人。

# 身不近小人，耳不听谗言

　　谗言对一个人事业的影响是最直接、最有效，而且最隐蔽的。有些人一生怀才不遇或在官场和事业上屡遭坎坷和挫折，很多时候就是因为在某些关键时刻和关键环节上受到了谗言的伤害，但这个人终其一生不知道是何许原因。唐朝丞相李适之就是其中之一。

　　唐朝李林甫的诡计多端是出了名的。他为了取得皇上信任，不惜用诡计害人。有一天，他对丞相李适之说："传言华山有金矿，您应该向皇上汇报此事。"忠诚老实的李适之就把此事汇报给皇上。皇上听后自是高兴，就此事的真伪询问当时分管全国物产的李林甫，李林甫倒也没否定此事，谦卑地对皇上说："此事乃我分内之事，之所以没有向皇上汇报是华山为吾皇龙脉所在，恐开采有碍万代基业。"皇上一听颇为感动，"遂重之"。李林甫一箭双雕，既陷害了丞相，又标榜了自己，果然不久后皇上就提升李林甫为"忠诚干练，为能士之才"的丞相。

　　进谗言的人之所以成功，是他们利用人们的轻信和多疑心理。这类人总是用这种小伎俩达到目的，而不是公平竞争。因此进谗言的人也被视为小人，为人所不齿。

　　可见，谗言是一个对人对己都很有杀伤力的东西。在生活中，我们要做到不进谗、不信谗，让"谗言"这个词彻底与我们无关。想做到这一点，可以参考如下几条建议：

　　1. 防人之心不可无。在日常学习和生活中，要尽可能对有条件和机会进谗的人多加小心，不要让他们抓到你的把柄，更重要的是要与这些人疏通关系，增加了解，拉近感情。要知道，只有感情和利益才能堵住他们的嘴，才可真正封住谗言的源流。

　　2. 培养自己的主见和决断力。在日常生活当中，不要轻易相信别人的话，即使是很有威望的人说出的话，也要对其进行冷静的思考和辨析。

3. 让"谗言"止于自己。静心修德，不要为了任何目的而诋毁他人，或者传播他人的有关"新闻"。如果听到关于某人的"谗言"，那么不要进行传播，理智地封住谗流。

4. 锻炼自己理性分析问题的能力。如果处在某一领导岗位，更要保持清醒的头脑，依照科学的方法和现实的依据去判断人、评价人，不要被一些人不怀好意的"进言"迷惑，从而作出错误的决定。

# 第二十七章

## 猜疑之心如蝙蝠，总在黄昏中起飞

# 疑心生暗鬼

疑心重重，戴着有色眼镜看人，甚至毫无根据地猜疑他人的人，在猜疑心的作用下，会把被猜疑的人的一言一行都罩上可疑的色彩，即所谓"疑心生暗鬼"。他们往往先在主观上假定某一看法，然后把许多毫无联系的现象通过所谓的"合理想象"牵扯在一起，以证明自己看法的正确性。结果，却是越猜越疑，越疑越猜。

灰兔在山坡上玩，发现狼、豺、狐狸鬼鬼祟祟地向自己走来，急忙钻到自己的洞穴中避难。灰兔的洞一共有三个不同方向的出口，为的是在情况危急时能从安全的洞口撤退。今天，狼、豺、狐狸联合起来对付灰兔，它们各自把守一个出口，把灰兔围困在洞穴中。狼用他那沙哑的嗓子，对着洞中喊道："灰兔你听着，三个出口我们都把守着，你逃不了啦，还是自己走出来吧。不然我们就要用烟熏了，还要把水灌进去！"灰兔想，这样一直困在洞里也不是个办法，如果它们真的用烟熏、用水灌，情况就更加不妙。忽然，灰兔灵机一动，想出了一个妙计。它来到狐狸把守的洞口，对着洞外拼命地尖叫，就像被抓住后发出的绝望惨叫声。

狼和豺听到灰兔的尖叫声，以为是灰兔被狐狸抓住了。它们担心狐狸抓到灰兔后独自享用，不约而同地飞奔到狐狸那里，想向狐狸要回属于自己的一份。聚到一起后，狼、豺、狐狸忽然意识到灰兔可能是用的声东击西之计时，急忙又回到各自把守的洞口继续把守。它们哪里知道，灰兔趁刚才狼到狐狸那里去的时候，早已飞奔出来，躲到了安全的地方。

灰兔把自己脱险的经过告诉了刺猬，刺猬说："你真聪明，你是怎么想出这个妙计来的呢？"灰兔说："因为我知道，狼、豺、狐狸虽然结伙前来对付我，但它们都有猜忌的本性，互不信任，各怀鬼胎，我正是利用了这一点。"

猜疑是建立在猜测基础之上的，这种猜测往往缺乏事实根据，只是根据自己的主观臆断毫无逻辑地去推测、怀疑别人的言行。猜疑的人往往对别人的一言一行都很敏感，喜欢分析深藏的动机和目的，看到别的人悄悄议论，就疑心在说自己的坏话；见别人学习过于用功，就疑心他有不良企图。好猜疑的人最终会陷入作茧自缚、自寻烦恼的困境中，结果还会导致自己的人际关系紧张，失去他人的信任，挫伤他人和自己的感情，对心理健康是极大的危害。

## 善良在重重猜疑前止步

人人都有戒备心理，这在一般情况下可以保护自己不受到伤害。但是过分的戒备，怀疑别人对你的帮助是另有企图，不但会伤害别人的心，还会丧失发现善良、感受善良的机会。

火车轮在铁轨上急速地转动着，车厢里一片平静，有人打盹，有人看杂志，有人望着窗外沉思。车厢的一角，坐着一位年轻的妈妈和她三岁的可爱的儿子。坐在他们对面的是两个机灵的女孩，她们在活泼地交谈着。

显然，小男孩被这两个活泼的姐姐吸引了。两个女孩意识到了这个男孩的说话欲，便把小男孩拉入聊天大军中，一会儿逗得小男孩活蹦乱跳，看来他们是有共同语言的。但是坐在一旁的妈妈不乐意了，眼神中透出对两个女孩的警惕，一把拉住了正在"跳探戈"的儿子，对他说："坐好了，安静一点，姐姐们累了。"小男孩不情愿地挪到了座位上。车厢又陷入了平静。"终点站马上就要到了，请你准备好行李准备下车……"车厢广播开始讲话。两个小女孩看着妈妈拎着很多行李，便主动说："我们可以帮你带行李，送你到汽车站。"小男孩也嚷着要跟着姐姐走。

可这位妈妈拒绝了她们的好意，一个人拎着沉重的行李，牵着小男孩的手费力地向出站口走去。

等他们费尽周折拦了一辆出租车时，这位妈妈看到刚才那两位女孩正挽扶一位大妈上公交车。

这位妈妈望着两位女孩红色的背影，整个天空忽然亮了。

猜疑心理是一种狭隘的、片面的、缺乏根据的盲目想象。在人的头脑中，猜疑总是从某一假想目标开始，最后回到假想目标，就像一个圆圈一样，越画越粗，越画越圆。通常，对环境、对他人、对自己缺乏自信的人喜欢猜疑。例如有些人在某些方面自认为不如别人，总以为别人在议论自己、看不起自己、算计自己。另外，自我防卫能力强的人也喜欢猜疑。他们或者曾经因为在交往过程中轻信他人受骗，蒙受过巨大的精神损失和感情挫折，结果万念俱灰，不再相信任何人；或者出于防范意识，始终"提高警惕"。

无端猜疑和防范别人的结果，必将使自己也失去支持和帮助，这就等于自己堵住自己前进的道路。所以，为自己着想，我们要学会摆脱猜疑心理。

你怀疑别人，别人怀疑你，彼此相互猜疑，你的整个生活将乱成一团。改掉这种胡乱猜疑的毛病，将会摆脱这种恶性循环。如果你无牵无挂地生活，你的生活会很轻松。

# 如何消除猜疑之心

你也许遇到过这种情况：学校里，当你遇到老师或同学时，你微笑着向他们打招呼，可他们没反应，甚至连笑容也没有。如果你因此而联想下去，心里嘀咕，他们为什么要这样对待自己？这个人对自己是不是有意见？是轻视自己吗？我什么时候得罪他了……你将会陷入猜疑的旋涡中，不能自拔，最终会使自己身心受到重创。

有两个十分要好的朋友，彼此不分你我。有一次他们去沙漠旅行，不小心迷了路，干渴威胁着他们的生命。上帝为了考验他俩的友谊，就对他们说："前面的树上有两个苹果，一大一小，吃了大的就能平安地走出沙漠。"两人听了，匆匆忙忙向前走，果然发现有棵树上挂着两个苹果，一大一小。他们都想让对方吃那个大的，坚持自己吃小的。争执到最后，谁也没说服谁，两人都在极度的劳累中迷迷糊糊睡着了。

不知过了多久，其中一个突然醒来，却发现他的朋友早已离开。于是他急忙走到树下，摘下剩下的苹果，一看，苹果很小。他顿时感到朋友欺骗了他，便怀着悲愤与失望的心情向前走去。

突然，他发现朋友在前面不远处昏倒了，便毫不犹豫地跑了过去，小心翼翼地将朋友轻轻抱起。这时他惊讶地发现：朋友手中紧紧地攥着一个苹果，而那个苹果比他手中的小许多。

由于多心、猜忌，他误会了好朋友，他对自己怀疑善良的朋友而悔恨不已。

如果世界上还有比痛苦更坏的事，那么，它毫无疑问就是猜疑了。猜疑是破坏团结的祸根，是变友为敌的导火索。猜疑时时啃噬着人的心灵，使人坐卧不安，丧失理智，失去朋友和快乐而不自省。因此，消除猜疑之心是保持心理健康、生活幸福的法则之一。

那么，青少年朋友如何矫正自己的猜疑心理呢？

1. 优化个人的心理素质，拓宽胸怀，来提高对别人的信任度和排除不良心理。

2. 摆脱错误思维方法的束缚。猜疑一般总是从某一假想目标开始，最后回到假想目标。只有摆脱错误思维的束缚，走出先入为主的死胡同，才能促使猜疑之心在得不到自我证实和不能自圆其说的情况下自行消失。

3. 敞开心扉，增加心灵的透明度。猜疑往往是心灵闭锁者人为设置的心理屏障。只有敞开心扉，将心灵深处的猜测和疑虑公之于众，增加心灵的透明度，才能求得彼此之间的了解与沟通，增加相互的信任，消除隔阂，获得最大限度的谅解。

4. 无视"长舌人"传播的流言。猜疑之火往往在"长舌人"的煽动下才越烧越旺，致使人失去理智、酿成恶果。因此，当听到流言时，千万要冷静，谨防受骗上当。

5. 当我们开始猜疑某个人时，最好先综合分析一下他平时的为人、经历以及与自己多年共事交往的表现。这样有助于将错误的猜疑消灭在萌芽状态。

产生了猜疑心，你可以有所警惕，但不要表露于外。这样，当猜疑有道理时，你因为做好了准备而免受其害；而当这种猜疑毫无道理时，就可以避免误会好人。

# 第二十八章

## 因循守旧会给你的思维上锁

# 变则通，通则久

有人长叹不已，叹人比人，气死人；叹不逢伯乐，壮志难酬；叹机遇奇缺，命运多舛；叹困难似海，问题如山。有人忧愁不止，愁拼命干、效能低；愁一穷二白，薪低职微；愁人脉贫弱，举步维艰；愁搜心剖胆，无处突破。

古贤曰：穷则思，思则变，变则通，通则久。今人说：有思路才有出路；三分苦干，七分巧干；低头拉车，还得抬头看路。瞬息万变的时代迫切要求我们：头脑要变。固执、冥顽、呆滞、死板，是我们四处碰壁、受穷受累的病源。大浪淘沙，守着老脑筋、老观念、老思路、老习惯，畏惧于创新，胆怯于冒险，我们便时刻有着退步、落伍、被淘汰的危机。打破思维的栅栏，拥有灵活多变的头脑，我们才能打开广阔的新天地。

一天，著名科学家爱因斯坦应邀去某个大学演讲，学生们都兴奋异常，大家都想从这位伟人身上发现一些值得自己学习的东西。于是，他们每个人准备好了笔记本，以便记下每一句教诲。然而，出乎大家意料，爱因斯坦没有带演讲稿，甚至连一支笔也没带。

演讲开始了，爱因斯坦没有像其他人那样讲述自己的成功经历，而是给学生们出了一道题。他说："有两位工人，他们同时从烟囱里爬了出来，一位是干净的，一位是肮脏的。请问他们谁会去洗澡？"学生们纷纷回答："当然是肮脏的工人会去洗澡。"爱因斯坦反问道："是吗，干净的工人看到肮脏的工人，他会认为自己身上一定也很脏；而肮脏的工人看到干净的工人，可能就会觉得自己也很干净。我再问问你们，哪个工人会去洗澡？"有学生马上说："干净的工人会去洗澡。"在场的所有同学一致点头，都认同了这一答案。

爱因斯坦一笑："你们又错了，理由很简单，两个工人同时从烟囱里爬出来，怎么可能一个是肮脏的而另一个是干净的呢？"爱因斯坦顿了一下接着说，"其实人与人之间并没有太大的差别，尤其是你们这些坐在同一间教室里、受着相同教育、学习又都非常努力的年轻人，你们之间的知识差异更是微乎其微。有的人之所以最终能脱颖而出，是他们没有因循守旧。而要想做个与众不同的人，就必须跳出习惯的思维定式，抛开人为的布局，敢于怀疑一切。"

人类与动物的最大区别在于人类可以有意识地改变自己的行为，不按照常规行事。然而更多的人依然固守自己的动物本性，所以大多数人总是很平庸。有变通的头脑，就能找到真正的出路。纵观古今中外，突破思维栅栏的人，都有非凡的表现。年幼的曹冲在大人们束手无策的时候，想出用石头装船的办法，称出了大象的重量，令人称奇；诸葛亮在城楼上焚香抚琴，让军士撤去城头旗帜，打开大门，用空城计吓走了司马懿……

在生活中，一个真正聪明的人，在经验行不通时，会多向思维，反其道或侧其道而行。往往经验越多的人，就越容易为经验所误，跳不出或者不敢跳出思维的栅栏。所以，不要被你的经验、习惯迷惑，只要你不断创新，打破规则，就能突破生活中的瓶颈！

不懂变通的人，往往因循守旧，他的思维被无意识地困在一个狭小的空间，毫无变通的余地。其实，那个把自己的思维困在原地的人，就是自己。挣脱自困的锁链，拓展你的思维，你就张开了飞翔的翅膀，就能脱离困守的原地，飞向成功的天空；你就会超越自己，走出更宽的路。

## 经验不是普遍适用的真理

我们生活在一个经验的世界里。从小到大，我们看到的、听到的、感受到的、亲身经历过的各种各样的大小事件和现象，都成了我们人生的智慧和资本。常听人说："我吃的盐比你吃的米都多""我过的桥比你走的路都多"。人们常以经验多而自豪。

在一般情况下，经验是我们处理日常问题的好帮手。只要具有某一方面的经验，那么在应付这一方面的问题时就能得心应手。特别是一些技术和管理方面的工作，非要有丰富的经验不可。老司机比新司机能更好地应付各种路况，老会计比新会计能更熟练地处理复杂的账目。所以，很多时候，经验成了我们行动所依靠的拐杖。但经验不是普遍适用的真理，经验也给我们带来不少沉痛的教训，因为经验是相对稳定的东西，是属于过去式的"历史"，但现实是一直在不断变化发展的。所以，经验并不一定能解决当前的问题。

第二次世界大战期间，纳粹德国给世界人民带来巨大的灾难。但在战争期间，德军将领们也给战争史留下许多创造性的战例。

1942年2月12日中午，英国海军和空军重兵布防的英吉利海峡上空，一架英国战斗机在例行巡逻。突然，飞行员发现有一队德国舰队大摇大摆地从远处开了过来，他立即将这一发现向司令部报告。英国司令部的军官们大惑不解：德国舰队在大白天从英吉利海峡通过？是不是飞行员搞错了？英国人忙于思考和争论，却没意识到时间正一分一秒地溜走。直到过了近一个小时，又一架英军侦察机发现德舰已经闯入海峡最窄也是最危险的地段了，并且正在全速行驶。

英军指挥官们这才意识到敌情的严重性，等他们判定真相，调集部队，下令进攻时，德国舰队已然远离了最危险的地段，给其致命打击的机会已然丧失。整个下午，英军虽然不断出动飞机、驱逐舰对德国舰队进行拦截，但由于仓促上阵，遭到了严阵以待的德军的沉重打击。就这样，德国人在英国人的眼皮底下，将停泊在法国布雷斯特港内的舰队顺利地移至挪威海面，增强了那里的战斗力。

原来，这一切都是德军为完成这次战略转移精心策划的大胆行动。因为从法国到挪威有两条路线可走，一条是向西绕过英伦诸岛北上，这条航线路途遥远，费时费力，如果遭遇兵力占绝对优势的英国军队，后果将不堪设想；另一条航线则是直穿英吉利海峡，但此处有英国海、空军的重兵布防，同样是危机重重。

最后，德军指挥官经过反复权衡后，决定在英国根本没有想到的情况下，出其不意地闯过英吉利海峡，在夜间出发，白天通过英吉利海峡最危险的多佛和加莱之间的地段。

这一大胆冒险的行动果然成功，庞大的德国舰队在飞机的掩护下，在英国人认为绝不能的时候出现，在英军来不及判断和阻挠的情况下，明目张胆地闯过英吉利海峡，给英国人上了一堂生动的战争教学课：过往的经验只会束缚自己的思想，墨守成规只会箍住自己。

经验本身没有错，它是前人留下的宝贵财富，对我们来说有很大的指导意义。但我们要在合适的时机用好经验，因为经验会形成一种思维定式，有时候这种思维定式会变成一种枷锁，对我们是有百害而无一利。

经验告诉我们的只是过去成功或失败的过程，而不是未来如何成功的方法。你千万不要以为在人生这个广袤的大海里，只能抱着那些曾经的经验，在祖辈开辟的领海中游弋。

摆脱经验定式要求我们必须拓展思路，海阔天空，束缚越少越好。尤其在今天这个信息爆炸、瞬息万变的时代里，过去的经验，往往就是此刻失败的最大原因。从某种意义上来看，经验是一种指导我们"只能怎样怎样""绝不应怎样怎样"的行动手册，对很多人来说，经验就成了无法跳出的框框。正是因为如此，有些人的"经验少"并不是一种缺点，而是一种优势，是"敢闯敢干"的代名词。所以，我们不要笃信"经验之谈"，要有初生牛犊不怕虎的勇气和精神，用好"敢干敢闯"这种精神，牛犊也能闯出一片新天地。

## 培养创新能力

2000 多年前，古罗马帝国派舰队攻打古希腊的叙拉古城。当时这城里的强壮男人都被派到前线作战去了，只留下少数的士兵，形势万分危急。当时，年已70 多岁的古希腊著名物理学家阿基米得也在岛上。

面对敌人的威胁，阿基米得一时也找不到办法，不断地在自家院子里走来走去。这时，火红的太阳高挂在天上，阿基米得抬起头，太阳强烈的光线刺痛了他的眼睛。他看了一会儿，突然灵机一动，有了主意。

他发动全城妇女拿着自己锃亮的镜子来到城楼上。烈日当空，阿基米得下令将所有镜子高高举起，目标对准船上的帆。这时，奇迹出现了，上万面镜子，将太阳光反射到敌船的帆上，巨大的热量立即引燃了船帆，火借风势，整个敌船立即被大火包围起来了……就这样，阿基米得带着全城妇女们解除了敌人的威胁。

人们把像阿基米得具有的这种开创性，用新思维、新方法解决问题的能力称为创新能力。创新能力的培养应该从小开始。青少年时期是一个创造性思维和创造力发展的重要阶段，应该敏锐地抓住自己创造性思维的萌芽，积极投入创造发明活动中去。那么，怎样才能更好地培养创新能力呢？

1. 培养创新能力应该从引发兴趣、保持好奇心开始。学生时期富于幻想，心中有着形形色色的向往和追求。兴趣与好奇心是对新异事物进行探究的一种心理倾向，是推动人们主动积极地观察世界、开展创造性思维的内部动力。当一个人对某种事物产生兴趣、充满好奇时，他总是积极地、主动地、心情愉快地去接触和观察研究。兴趣又是发挥聪明才智的重要条件，兴趣能使人入迷，入迷的程度越深，其聪明才智也就发挥得越充分。不断增强好奇心，对创新能力的培养是非常有利的。

2. 构建合理的知识结构。有人以为创新能力只是一种点子，是脑子里的灵机一动，这种理解是片面的。真正的创新能力必须建立在掌握广博而扎实的知识基础上，只有那些爱学习、懂得学习的人，才会有真正的创新能力。

3. 敢于动手，促进创造力发展。翻开科学家的历史，追溯他们的成长道路，我们会发现，他们能在科学发明创造上获得成功，与他们从小就愿意动脑、动手有密切关系。瓦特从小喜欢各种机械，装了拆，拆了装，每天"动手"，后来终于发明了蒸汽机；莱特兄弟从小喜欢观察老鹰怎样飞行，自己动手制作风筝，后来终于发明了飞机。从生理机制上来看，心理学家、生理学家研究发现，从小重视动手能力的发展会极大地促进大脑的发育和智能的开发。

# 第二十九章

## 以貌取人，失之子羽

# 人不可貌相

在与人交往、拓展人际关系的过程中，第一印象的重要性是不容否认的，尤其是在初次交往时。以外表判断他人也是人之常情。那些衣着豪华、谈吐潇洒的人，的确是很容易给别人带来好感；而其貌不扬者会令人轻视，甚至产生厌烦，但是，如果你的整个思想都受到了这种情绪的控制，就极容易造成偏差。

孙程从一所名牌大学毕业之后，应聘到一家外资企业做电子营销工作。由于他的专业知识扎实，不久便被提拔为业务经理。有一天，他们公司的老总因为去美国考察脱不开身，临时让他负责接待一些来自韩国的客户。那些客户准备与他们公司合作开发一种新产品。孙程不懂韩语，再加上跟随的翻译对那些客户也没有做过多的引荐。其中，有一个身材矮胖、相貌丑陋的中年客户令孙程感到有些厌烦，因为，他总是向孙程提问一些与业务无关的问题。只是出于礼节，孙程才勉强地回答了几个问题。

在午宴上，孙程没有主动向他敬酒。结果，他们的那项合作计划被取消了，原因很简单，上次来的那个相貌丑陋的中年客户竟是韩方那家公司最大的股东。孙程虽然没有被公司辞退，但仍被免除了经理职务。这个教训对于孙程来说，也许会铭记一生。

俗话说，人不可貌相，海水不可斗量。人的长相与体型是与生俱来的，并非自己的希望或责任。你如果只是从外表看对方就表示："我总觉得那个人看起来很讨厌！"那也表明了你是个气量狭小的人。诸葛亮的妻子黄氏据说长得很丑，但就才学来讲，孔明先生还向她请教治国策略；汪精卫是有名的帅哥，却是卖国贼；更有一些在车站常见的小偷，很多不都是衣冠楚楚吗？

在拓展人际关系的过程中，切不能以貌取人，尤其是对于女性，长相甜美的人，并不一定是聪明或善良的人；相反有些外表丑陋的人，由于内心的自卑反射，更加努力充实内在，反而成为一个有内在美的可敬之人。你所要交往的是那些内心善良、学识丰富之人，而不是那些外表华美、腹内空空的"花瓶"。

如果你不能以开阔的胸襟来接受那些朋友，只是凭表面印象和个人喜恶来结交，那么说不定你也会尝到苦涩。

## 真正的美不在外表，而在内心

人们总喜欢把优秀的服装与优秀的人、丰厚的收入、高贵的社会身份、一定的权威、高雅的文化品位等相连，但其实外在与内在并没有多大的联系。

西方有句俗语："你就是你所穿的！"

只有内心的美，才是最重要的。

闹钟响了，又是一个星期天的早晨。布朗本来可以好好睡一个懒觉，但是有一种强烈的罪恶感驱使他去教堂做礼拜。

布朗洗漱完毕，收拾整齐，匆匆忙忙赶往教堂。

礼拜刚刚开始，布朗在一个靠边的位子上悄悄坐下。牧师开始祈祷了，布朗刚要低头闭上眼睛，却看到邻座先生的鞋子轻轻碰了一下他的鞋子，布朗轻轻地叹了一口气。

布朗想：邻座先生那边有足够的空间，为什么我们的鞋子要碰在一起呢？这让他感到不安，但邻座先生似乎一点儿也没有感觉到。

祈祷开始了："我们的父……"牧师刚开了头，布朗忍不住又想：这个人真不自觉，鞋子又脏又旧，鞋帮上还有一个破洞。

牧师在继续祈祷着，"谢谢你的祝福！"邻座先生悄悄地说了一声，"阿门！"布朗尽力想集中心思祷告，但思绪忍不住又回到了那双鞋子上。他想：难道我们上教堂时不应该以最好的面貌出现吗？他扫了一眼邻座先生的鞋子又想，邻座的这位先生肯定不是这样。

祷告结束了，唱起了赞美诗，邻座先生很自豪地高声歌唱，还情不自禁地高举双手。布朗想，主在天上肯定能听到他的声音。奉献时，布朗郑重地放进了自己的支票。邻座先生把手伸到口袋里，摸了半天才摸出几个硬币，"叮当当"放进了盘子里。

牧师的祷告词深深地触动着布朗，邻座先生显然同样被感动了，因为布朗看见泪水从他的脸上流了下来。

礼拜结束后，大家像平常一样欢迎新朋友，以让他们感到温暖。布朗心里有一种要认识邻座先生的冲动。他转过身子握住了邻座先生的手。

邻座的先生是一个上了年纪的黑人，头发很乱，但布朗还是谢谢他来到教堂。邻座的先生激动得热泪盈眶，咧开嘴笑着说："我叫汤姆斯，很高兴认识你，我的朋友。"

邻座先生擦擦眼睛继续说道："我来这里已经有几个月了，你是第一个和我打招呼的人。我知道，我看起来与别人格格不入，但我总是尽量以最好的形象出现在这里。星期天一大早我就起来了，先是擦干净鞋子、打上油，然后走了很远的路，等我到这里的时候鞋子已经又脏又破了。"布朗忍不住一阵心酸，强忍着眼泪。

邻座先生接着又向布朗道歉说："我坐得离你太近了。当你到这里时，我知道我应该先看你一眼，再问候你一句。但是我想，当我们的鞋子相碰时，也许我们就可以心灵相通了。"布朗觉得再说什么都显得苍白无力，就静了一会儿才说："是的，你的鞋子触动了我的心。在一定程度上，你也让我明白，一个人最重要的是他的内心，而不是外表。"

还有一半话布朗没有说出来，这位老黑人是怎么也不会想到的。布朗从心底深深地感激他那双又脏又旧的鞋子，是它们深深触动了自己的灵魂。

为你的灵魂穿上新衣服最重要，那样才能赢得别人真正的敬重。

# 如何纠正重外轻内的看法

不要为自己的长相身高而过分担心，一个心地善良、为人正直的人远比那些空有英俊相貌、魔鬼身材但内心龌龊的人要漂亮得多。如果有人以貌取人，请不要太在意，因为你不用去为一个只有低级趣味的人而难过。

一个人，最重要的是他的能力如何，而不是长相如何，相貌不是能力的代言。虽然爱美之心，人皆有之。人人都喜欢美好的东西，这是无可厚非的，但是在追求美丽的同时一定不能丢掉学业和健康。

青少年要知道，再美的容貌也会随着岁月的流逝而走向衰老，唯有内心的善良和纯真才是一个人最宝贵的财富。一个过于在乎外表的人，是不会获得他人的尊重和爱护的，人在与人相处的时候更应该注意这一点。

一个人的能力和相貌之间是不能画等号的，说起来，这个道理人人都懂，但是仍有很多人以为外表才是一个人的全部，外表漂亮的以此为傲，长得丑的甚至不惜牺牲自己的健康去整容，事实上，这是十分愚蠢的做法。

青少年应该如何矫正自己重外轻内的看法呢？

1. 学会欣赏别人的优点，看到别人的内在美。很多青少年不屑和衣着朴素、衣着破旧的人打交道，其实这是不对的，看人不能光看表面。

2. 懂得聆听他人的话。从他人的话语中感受到他人的魅力所在。

3. 要端正自己的态度，不去追求名贵的首饰和玩具等，而是提升自己的修养为主。多读书，善思考。

# 第三十章

## 精于计较，算来算去算自己

## 聪明反被聪明误

一些人自诩为聪明人，一副精明过人的样子，总是持有"不肯吃亏"的心理，摆出一副寸土必争的姿态去面对生活中一些鸡毛蒜皮的小事儿。他们做人的原则就是不吃半点亏，但实际上恰恰是这样的"聪明人"容易吃大亏。

一只绵羊和一只病愈没多久的牧羊犬在野外散步，绵羊虽然一副神态庄重的样子，头脑却是空空一片，不想事情。走了一会儿路，它们来到一片青翠的草地，绵羊似乎有点饿了，大嚼起美味的青草来，这块草地的草特别合它的胃口，绵羊吃得很是满意。牧羊犬看到绵羊吃得津津有味，也感到腹中有些饥饿，就对绵羊说："亲爱的伙伴，你能否帮我去买一块可口的香肠？"这个时候的绵羊只顾自己吃草，怕浪费了这大好时光，影响进餐。对牧羊犬的请求置之不理。等它吃饱后，才懒洋洋地对牧羊犬说道："等我好好消化消化，一会儿就给你去买，消化的时间不会很久的，你慢慢等着吧。"

过了很久，绵羊仍没有去买香肠的打算，于是，牧羊犬拖着虚弱的身体，告别绵羊，独自去买香肠。谁知道，早已在暗中埋伏的狼，见牧羊犬一走，就扑向了绵羊。尽管绵羊急忙呼唤牧羊犬来保护自己，但此时已见不到牧羊犬的踪影。可怜的绵羊最终逃不出狼口。

我们可以设想一下，如果绵羊帮牧羊犬买香肠，最后的结局是否还会如此悲惨？事实上，绵羊贪图眼前的草地，不肯为别人牺牲自己的一点点利益，结果丧失了性命。

有一则有趣的现代故事：

有一乡下的青年，因为牙齿坏了，来到街市寻找牙医欲拔掉那颗坏牙。问医师说：拔一颗牙要多少钱？牙师说：一颗牙500元，拔两颗即800元。青年想难得跑一趟街市，只拔一颗浪费时间和金钱，既然拔两颗牙比较便宜，就拔两颗，省得再跑一趟，又省钱。所以就拔了两颗牙。

本来只有一颗坏牙，因贪便宜而拔了两颗，真是聪明反被聪明误。

在与人交往中，也不能贪小便宜。因为人与人之间的交往都是相互的，你对别人算计，也许一次两次别人没有发觉，但是时间长了，大家就会了解你是一个什么样的人了。爱计较的人，也许会以同样的方式来对待你；不爱计较的人，也会因为你的过于算计和贪婪而对你产生反感，从而对你敬而远之。

在人生道路上，就要放下你的"贪小便宜"观念。否则，时间久了，你就会发现，其实你一直都如一首歌里唱的，"算来算去算自己"。

# 放弃无谓的争执

卡耐基在第二次世界大战结束后不久参加了一个宴会。在宴会上，有一位坐在卡耐基旁边的先生讲了一个幽默故事，然后在结尾的时候引用了一句话，意思是：此地无银三百两。那位先生还特意指出这是《圣经》上说的。

卡耐基一听就知道他说错了。他看过这句话，然而不是在《圣经》上，而是在莎士比亚的书中，他前几天还翻阅过，他敢肯定这位先生一定搞错了。于是他纠正那位先生说："这句话是出自莎士比亚的书。""什么？出自莎士比亚的书？不可能！绝对不可能！先生你一定弄错了，我前几天才特意翻了《圣经》的那一段，我敢打赌，我说的是正确的，一定是出自《圣经》！如果你不相信，我可以把那一段背出来让你听听，怎么样？"那位先生听了卡耐基的反驳，马上说了一大堆话。

卡耐基正想继续反驳，忽然想到自己的朋友里诺就坐在自己的身边，里诺是研究莎士比亚的专家，他一定会证明自己的话是对的。于是卡耐基对里诺说："里诺，你说说，是不是莎士比亚说的这句话？"

里诺盯着卡耐基说："戴尔，是你搞错了，这位先生是正确的，《圣经》上确实有这句话。"随即卡耐基感到里诺在桌下踢了自己一脚。他大惑不解，出于礼貌，他向那位先生道了歉。

在回家的路上，满腹疑问的卡耐基埋怨里诺："你知道那本来就是莎士比亚说的，你还帮着他说话，真不够朋友。还让我向他道歉，真是颠倒黑白了。"里诺一听，笑着说："我可爱的戴尔，我们只是参加宴会的客人，你以为证明了你是对的，那些人和那位先生会喜欢你，认为你学识渊博吗？不，绝不会。为什么不保留一下他的颜面呢？为什么要让他下不了台呢？他并不需要你的意见，你为什么要和他抬杠呢？"

凡有争论，当事人几乎各有言之成理的论点，因此，如果你显然无法令对方改变心意，对方也显然无法说服你，就应该立刻罢手。切记：避免造成无法弥补的伤害。

想避免出现僵局，一种有效的办法是说句"我们两人都是对的"，然后转向比较安全的话题。比如说，夫妇俩对如何管教十来岁的孩子意见产生分歧，而且各自坚持己见，嗓门越扯越高。其实，只要说"嘿，我们都是为了孩子好"，便可摆脱敌对状态，再度携手合作。

你甚至可以置身事外，不参与辩论。例如你跟几位同事谈到市长选举。当时竞争活动丑闻百出，候选人互揭疮疤。那几位同事立场不同，辩论渐趋激烈。有位同事转向你，问道："你看应该谁来当市长？"你可以高举双手微笑着说："这次就饶了我吧。"

不管什么情况，无谓的争执简直就是浪费时间。只要能避免徒劳无功的争执，人人都是赢家。

# 得饶人处且饶人

与人交往，你的感受如何？在错综复杂的人际交往中，如果你要认真计较的话，每天你随便都可以找到四五件让人生气的事情，如，被人诬陷、被连累、受人冷言讥讽，等等。有人不便及时发作，便暗自把这些事情记在心里，伺机报复。这种仇恨心理，对对方没有丝毫损害，却会影响自己的情绪，从而自食其果。

不管别人怎样冒犯你，或者你们之间产生什么矛盾，总之"得饶人处且饶人"。

年轻的洛克菲勒空闲的时间很少，所以他总是将一个可以收缩的运动器——就是一种手拉的弹簧，可以闲时挂在墙上用手拉扯的——放在随身的袋子里。有一天，他到自己的一个分行里去，这里的人都不认识他。他说要见经理。

有一个傲慢的职员见了这个衣着随便的年轻人，便回答说："经理很忙。"洛克菲勒便说，等一等不要紧。当时待客厅里没有别人，他看见墙上有一个适当的钩子，洛克菲勒便把那运动器拿出来，很起劲地拉着。弹簧的声音打搅了那个职员，于是他急忙跳起来，气愤地瞪着他，冲着洛克菲勒大声吼道："喂，你以为这里是什么地方啊，健身房吗？这里不是健身房。赶快把东西收起来，否则就出去。懂了吗？"

"好，那我就收起来吧。"洛克菲勒和颜悦色地回答着，把他的东西收了起来。

5分钟后，经理来了，很客气地请他进去坐。那个职员马上蔫了，他觉得他在这里的前程肯定是断送了。洛克菲勒临走的时候，还客气地和他点了点头，他则是一副不知所措的惶恐样子。他觉得洛克菲勒肯定会惩罚自己，于是忐忑不安地等待着处罚。但是过了几天，什么也没有发生。又过了一星期，也没有事。过了三个月之后，他忐忑不安的心才慢慢平静下来。

不管洛克菲勒是否把这件事放在心上。至少他的行为说明，他对于小职员的冒犯采取了宽容的态度。

生活中，我们不免会遭遇别人的伤害和冒犯，与其"以牙还牙"两败俱伤，倒不如保持宽容和冷静，不要轻易出手反击，这既是对别人的一种容忍，也是对自己的一种尊重。

你也许认为，这样战战兢兢，活得未免太累。以为尽量避免让自己卷入别人的是非圈子里，便能明哲保身，最终有飞黄腾达的一天，这是一厢情愿的想法。聪明人不会把自己孤立起来，他很明白"团结就是力量"的道理。身为群体里的一员，你要想办法与每人建立良好的关系，营造和谐的气氛，成为这个小圈子里的一分子。

若要真正获得别人的尊敬与爱护，你要注意自己的表现，切勿盛气凌人，恃宠生骄，作出令人憎恶的事情。这里有几个方法可供参考：

1. 你要学习与每一个人融洽地相处，表现出你的随和与合作精神。面对别人的时候，不要忘记你的笑容与热忱的招呼，还有要多与对方眼神接触，在适当的时机赞美一下他们的长处。

2. 假如你不得不对某人的表现予以批评，你的措辞也要十分小心。先把对方的优点说出来，令他对你产生好感后，他才会接受你的建议，还会视你如他的知己良朋。

3. 人人都会遇到情绪低落的时候，你要努力控制自己的脾气，切勿把心中的闷气发泄到别人的身上，这是自找麻烦的愚蠢行为。没有人会愿意跟一个情绪化的人相处，更不会对他期望过高。所以，替自己建立一个随和而善解人意的形象，这是成功的重要因素之一。

# 第三十一章

## 好胜人者，必无胜人处

# 能胜人，自不居胜

我们讲"退一步海阔天空"，可又有几人能将其真正实践？争强好胜的斗争本性使我们总想与对方一决高低，谁也不愿后退一步，认为后退是懦弱，是胆怯。可不恰当的争强好胜能带给我们什么呢？只能是两败俱伤。

所以，不到万不得已，争斗都不是最好的选择。不妨学学海洋中的生物，是如何处理它们之间的关系的。

在风景如画的美国加利福尼亚，年轻的海洋生物学家布兰姆做了一个十分重要的观察实验。这天，他潜入深水以后，看到了一个奇异的场面：一条银灰色的大鱼离开鱼群，向一条金黄色的小鱼快速游去。布兰姆以为，这条小鱼已在劫难逃了。

然而，大鱼没有恶狠狠地向小鱼扑去，而是停在小鱼面前，平静地张开了鱼鳍，一动也不动。那小鱼见了，便毫不犹豫地迎上前去，紧贴着大鱼的身体，用尖嘴东啄啄西啄啄，好像在吮吸什么似的。

最后，它竟将半截身子钻入大鱼的鳃盖中。几分钟以后，它们分手了，小鱼潜入海草丛中，那大鱼则轻松地追赶自己的同伴去了。

在这以后的数月里，布兰姆进行了一系列的跟踪观察研究，他多次见到这种情景。看来，现象并不是偶然的。经过一番仔细的观察，布兰姆认为，小鱼是"水晶宫"里的"大夫"，它是在为大鱼治病。

鱼"大夫"身长只有三四厘米，这种小鱼色彩艳丽，游动时就像条飘动的彩带，因而当地人称它为"彩女鱼"。鱼"大夫"喜欢在珊瑚礁或海草丛生的地方游来游去，那是它们开设的"流动医院"。

栖息在珊瑚礁中的各种鱼，一见到彩女鱼就会游过去，把它团团围住。有一次，布兰姆发现，几百条鱼围住了一条彩女鱼。这条彩女鱼时而拱向这一条，时而拱向另一条，用尖嘴在它们身上啄食着什么东西。而这些大鱼怡然自得地摆出了各种姿势，有的头朝上，有的头向下，也有的侧身横躺，甚至腹部朝天。这多像个大病房啊！

布兰姆把这条彩女鱼捉住，剖开它的胃，发现里面装满了各种寄生虫、小鱼以及腐蚀的鱼虫。为大鱼清除伤口的坏死组织，啄掉鱼鳞、鱼鳍和鱼鳃上的寄生虫，这些脏东西又成了鱼"大夫"的美味佳肴。这种合作对双方都很有好处，生物学上将这种现象称为"共生"。

在大海中，类似彩女鱼那样的鱼"大夫"共有45种，它们都有尖而长的嘴巴和鲜艳的色彩。

这些鱼"大夫"的工作效率十分惊人。有人在巴哈马群岛附近发现，那儿的一个鱼"大夫"，在6小时里竟接待了300多条病鱼。前来"求医"的大多是雄鱼，这是因为雄鱼好斗，受伤的机会较多；同时雄鱼比雌鱼爱清洁，除去脏东西后，它们便容光焕发，容易得到雌鱼的垂青。有趣的是，小小的彩女鱼在与凶猛的大鱼打交道时，不但没受到欺侮，还会得到保护呢。

布兰姆对几百条凶猛的鱼进行了观察，在它们的胃里都没有发现彩女鱼。然而，他多次看到，这些小鱼进入大鲈鱼张开的口中，去啄食里面的寄生虫。一旦敌害来临，大鲈鱼自身难保时，它便先吐出彩女鱼，不让自己的朋友遭殃，然后逃之夭夭，或前去对付敌害。

人的存在，就像篓子里的一堆螃蟹，你中有我，我中有你，纵横交错，息息相关，又相互伤害。唯有与人为善，方能减少这种伤害。

人生不是角斗场，不是随时要让你以命相搏的地方，只有处理好人与人之间的关系，才能更加体会到生命的意义。

# 木秀于林，风必摧之

很多人总想和人争强斗胜，自己的要抢，不是自己的也想要，这就搞得自己心神不宁，一刻不得安生。其实，无争，才能无忧。

一个研究所的副所长，他负责一个课题的研究，由于行政事务繁多，他没有把全部精力放在课题的研究上。他的助手通过辛勤努力把研究成果搞了出来，这个课题得到了有关方面的认可，赢得了很大的荣誉。报纸、电视台的记者争相采访那位副所长，他都拒绝了，并对记者们说："这项研究的成功是我助手的功劳，荣誉应该属于他。"

记者们听了，为他的诚实和美德所感动，在报道助手的同时，特别把副所长坦荡的胸怀和言语都写了出来，使这个副所长也获得了很好的评价和荣誉。

关键时刻，把功劳让给他人被视为一种奉献精神，这种美德会给一个人镀上人性的光辉，掩盖其他方面的不足。一个处处争功的人，也许会给人一种朝气蓬勃、充满时代气息的感觉，但同时会让人觉得不够成熟，虚荣轻浮。社会竞争日趋激烈，人在此若要想立于不败，是要有"敢为天下先"的勇气和魄力的，但同时需要"退一步海阔天空"的韧劲和智谋。人在竞争过程中，一方面是和事进行挑战，另一方面是和人进行协作或挑战，做事容易，但为人就比较难，这需要我们能屈能伸，需要我们清楚何时屈、何时伸。

其实生活中总有很多情况要求我们把功劳让给别人。当你刚从事一份工作时，你要有足够的心理准备去这样做，这是一种谦虚的态度，一种合作的态度。只有不去争功，才能从别人身上学到许多东西，也才能让别人尽心地传授知识。而如果你一上来就猛打猛冲，都抢着干，别人就会抱有戒心，谁都怕这种人来抢饭碗。

尤其作为一个新手，我们更不能去争功，以求充实自己；而作为一个老手，也要乐于把功劳让给新手，让新手们能有机会得到锻炼。

"木秀于林，风必摧之"，事事争强好胜并不是强者本色，藏锋露拙、韬光养晦才能在社会中为自己找到一个完全的藏身点。

更何况，无争才能无忧。总是将自己处于戒备状态，自己就会先扛不住的。

# 退一步海阔天空

俗话说："生气是拿别人的错误来惩罚自己。"当一件妨害自己的事情发生时，我们与其去生气，声嘶力竭地斥责，不如莞尔一笑，学会宽容。

高山因为承受着土石树木，所以才变得雄伟；大海正是容纳了百川，所以方显得辽阔。要记住弥勒佛像两边的对联："大肚能容，容天下难容之事；开口便笑，笑天下可笑之人。"如果能对任何不顺心的事情都能一笑了之，生活中不开心的事就会减少。记住：任何事情退一步都是海阔天空。学会宽容地对待这个世界，也是爱自己的一种方式。

莎士比亚忠告人们说："不要因为你的敌人而燃起一把怒火，灼热得烧伤你自己。"富兰克林说："对于所受的伤害，宽容比复仇更高尚。因为宽容所产生的心理震动，比责备所产生的心理震动要强大得多。"

如果自己能够宽容别人，不但自己能够及时释放心理垃圾，而且别人能够因此而宽容自己，同时与自己友好相处。假如别人伤害了自己，千万不要只会怨恨，关键是要学会宽容，并避免被别人再次伤害。心胸太狭窄，绝对是一件坏事。报复心太强烈，只能害自己。宽容别人不仅是自己的一种美德，更是让自己健康长寿的秘诀。

所以说，在面对争斗的时候，放下气愤的包袱，对别人，对自己都宽容一些，退让一些，往往会让事情得到更好的解决。

青少年应该如何做到用最好的办法解决争斗呢？

1. 不主动挑起事端，面对别人的挑衅也尽量做到合理忍让，与他讲道理，不然就告诉家长或者老师，不要以暴制暴。

2. 做到有教养，不要动不动就生气，怒火只会让自己陷入痛苦中，对自己一点帮助都没有，有时还会把别人牵连进去。